TECHNICALLY FOOD

# 矽谷製造的漢堡肉？

## 科技食物狂熱的真相與代價

拉里莎・津貝洛夫 LARISSA ZIMBEROFF 著 楊詠翔 譯

科幻片中的未來食物，已經悄悄出現在我們的餐桌上
當實驗室取代農場，我們吃得更安心、更健康了嗎？

INSIDE SILICON VALLEY'S MISSION TO CHANGEWHAT WE EAT

完食推薦（依姓氏筆畫排序）——

荒野保護協會榮譽理事長、暢銷作家 李偉文｜食力foodNEXT創辦人暨總編輯 童儀展｜主婦聯盟環境保護基金會董事長 鄭秀娟

美國亞馬遜4.5星好評《出版人週刊》、《圖書館月刊》、《科技雜誌》……等知名媒體一致盛讚！

# CONTENTS

CONTENTS

前言

# 為什麼是我？

- 為什麼是現在？

吃東西這件事開始變成我人生的負擔時，我只有十二歲，在此之前吃東西帶來的快樂都很單純，生日派對的杯子蛋糕、猶太教光明節（Hanukkah）的馬鈴薯煎餅、奶奶拿手的週末安息日（challah）法國吐司。在一段我從未跟任何人分享過的記憶中，我坐在教室裡，突然很想尿尿，但心裡清楚知道我一定來不及離開座位，走過長長的走廊，及時趕到女廁，所以我就那樣坐在位子，安靜地尿在褲子上，這是塑造我人生的一次重要經驗。

老媽有注意到一些跡象，但還沒有到警鈴大作的程度，她帶我去看醫生其實是因為我耳朵痛，伯恩包姆醫生檢查我耳朵時，老媽隨口提到我隨時都很口渴，而且還一直尿尿。護士於是作了尿液檢測，中獎了，第一型糖尿病。這個沉重的消息充滿我整個腦袋，接著我馬上被送去住院，除了大半夜護士會來把我搖醒之外，我其實覺得蠻舒適的。老爸幫我帶了健怡汽水，護士會在上面寫我的名字，我可以一直看電視，就連我哥都對我很好，從病床還能看到一〇一號高速公路蜿蜒穿過聖費南多谷（San Fernando Valley）。

我的診斷結果代表我每次吃東西前，都要先注射胰島素，這種激素由胰臟分泌，能夠幫助人體將食物中的碳水化合物分解成葡萄糖，人體的細胞和器官都靠葡萄糖運作。想要來場賽跑嗎？胰島素幫你加油。如果沒有胰島素，人就不能吃東西。在人類發現胰島素前，糖尿病患者都瘦得皮包骨，而且活不了太久。我的醫生建議我好好吃東西和運動，這成了我的人生宗旨，還有個糖尿病諮詢專家教我怎麼計算食物的碳水化合物含量，聽起來就超難，實行起來也是，計算結果會決定吃東西時要注射的胰島素劑量，要是算錯，身體就會出現大大小小的不良反應，比如流汗流得全身都是，甚至覺得自己好似在流沙裡掙扎。這根本超難、超慘，而且爛透了！雖然我的身體狀況不會限制我從事任何活動，但我也不能隨心所欲，當時我只是個青少年耶！

在我的世界中，食物就等於其基本組成元素，包括碳水化合物、蛋白質、脂肪、纖維，我如果吃了一顆蘋果，就等於攝取了組成蘋果的大量養分，我會選擇吃青蘋果而不是一般蘋果，因為青蘋果比較不甜，我會用吃的而不是喝蘋果汁，因為果汁缺乏纖維，會讓消化變慢，而且也不能完全消化。人體可以直接吸收果汁裡的糖分，而這幾乎馬上就會讓我的血糖停止分泌，這很難用外在機制調配。健康的身體則能夠輕而易舉調節血液中的葡萄糖濃度，但如果你的糖尿病是第二型，那就當我沒說。第一型糖尿病就像在身體裡追一個永遠不會慢下來接棒的接力賽選手，第二型糖尿病患者的身體仍然會產生胰島素，但無法正確使用這種激素，第二型糖尿病也比較常見，患者只要改變生活方式和飲食習慣，就能控制病情發展，甚至痊癒。

對自己的身體狀況越來越了解之後，再來就是要持續監督自己。運動對第一型糖尿病患者來說非常重要，就像我們必須學會喜歡黑咖啡跟黑巧克力一樣，多虧發展快速的科技，我不僅可以在髖部配戴一台葡萄糖監測器，還可以直接吸入快速作用的胰島素。別人看到我這麼做，常以為我在抽電子菸，但我現在已經不會因為有糖尿病而遮遮掩掩，我的知識反倒給了我一項優勢，也就是能夠在分子層面上瞭解食物。我常把這當成我的超能力，同時也是攸關生死的能力，我透過食物認識世界。

跟俄羅斯娃娃一樣，我剖析食物的角度也是由一層一層的問題組成：現在幾點？吃這個會影響我的血糖嗎？吃飽後要去散個步嗎？我吃的東西在製造及包裝過程中耗費了多少資源？最後一個俄羅斯娃娃長什麼樣子？最重要的問題是什麼？我想知道。

我在商店裡發現新的食物時，會先看看上面的營養標示，再決定要不要把它吃進肚子裡，食物背後的營養標示可說是世界上複製最多次的圖表，但很少人會和我一樣認真查看。《美國營養飲食學會期刊》（*Journal of the Academy of Nutrition and Dietetics*）二〇〇八年刊登了一篇研究，研究對象為將近兩千名年輕人，結果顯示只有百分之三十一點四的消費者會「經常」查看營養標示。雖然營養標示沒說的資訊可能跟說出來的一樣多，但在我們選擇要把什麼東西放進嘴巴裡時，它仍然是最有價值的參考資料。

我在三十幾歲的時候發現，世界上大部分的人，根本懶得用跟我一樣的方式瞭解食物，當我開始採訪食品科技產業後，我覺得這會是我身為寫作者的特殊貢獻。從我的基本概念出發，也就是食物等於其組成元素，加上我在高科技產業工作超過十年的經驗，讓我能夠快速掌握新創企業的發展，我認為目前針對食物投資的熱潮，和第一波網路浪潮興起時的情況驚人地相似。

在食科新創產業裡當記者，表示我身邊圍繞著確信自己可以「讓世界變得更好」的年輕企業家——大部分啦。這些人的信心又受他們募集到的數百萬美元鼓舞，這不就正代表他們要不是很聰明，不然就是注定要幹大事嗎？但我追尋的不是宣傳機器，我迫切想知道的是新聞頭條背後的故事，我需要真正的科學，確實瞭解未來究竟是什麼會改變人類的飲食系統。我想達成三贏的局面：我自己、地球環境和商業發展。

寫這本書的契機是因為我問自己：「擁抱一個充滿人造食物的未來時，我們放棄了什麼？」但隨著我的研究越發深入，本書也逐漸開始探討另一個問題，亦即新的食物能不能為我這樣的第一型糖尿病患者帶來幸福？

現今食物公司的發展趨勢是理念導向，他們想用新的加工食品讓世界變得更好，逆轉氣候變遷，並終結虐待動物和工業化農業對地球的傷害。但這些公司背後仍然是資本和投資者，資本主義驅動一切。泰森（Tyson）、雀巢、通用磨坊（General Mills）等歷史悠久的大型食品公司，我有時會簡稱為「巨食」（Big Food），目前已經開始感受到利潤減少帶來的損害，因為他們過時的產品目錄已經不再吸引新世代的消費者，但他們可不會讓自己被時代遺棄。他們過去的行為、經濟上的影響、控制消費者的方式，包括食物糖分越來越高、帶動流行風潮、針對兒童的行銷策略等，都不應受到忽視。

上述衝突立場之間的關係，目前已經越發緊張，將會影響到和我一樣的糖尿病患者、我那腹部時不時出問題的妯娌、我最好的朋友那超愛水果的三歲小孩、世界各地食物短缺的社群、老人、無家可歸的人，食物會影響每個人。現在世界人口已經數以十億計，自然資源也開始不夠，我們能夠在保持健康的同時，也尊重食物傳統，並且拯救環境嗎？似乎沒辦法期待太多。

## 為什麼是現在？

長期的消費者權益促進者拉夫・奈德（Ralph Nader）除了以推動汽車裝設安全帶聞名外，在一九七〇年代也以肅清嬰兒配方奶而廣為人知。奈德反對食品製造商在配方奶中加入成癮物質，包括化製澱粉（modified food starch）及味精。食品公司不是為了嬰兒的健康才這麼做，味精含有大量胺基酸，可能對嬰兒有害，但加了味精，媽媽們會覺得吃起來更好吃，讓配方奶更暢銷，同時也能改善溶解度，使其更容易溶解。另一個問題是，美國食品藥物管理局（Food and Drug Administration，FDA）並不會主動抽查市售的商品，而是要接獲檢舉才會處理，因而找出食品問題的重責大任，就落在產業之外的研究者身上。奈德還曾說過：「食品產業一直以來的特色，就是先賣再說，之後再找人來檢驗。」

這樁管轄權爭議到現在已經過了五十年，雖然最終美國食品藥物管理局禁止配方奶加入味精，但是為了雙邊押寶並且不要得罪食品公司，仍表示「味精適合人類攝取，但嬰兒不一定需要」。這個故事的另一個教訓是，製造所謂未來食品的公司仍然逍遙法外，美國食品藥物管理局依舊不會主動抽查，這些公司也一再逃過食品安全證明的規範。

為了因應配方奶的銷售雪崩式下滑，最近出現了一種新的嬰兒奶粉，新奶粉的原料清單非常長，包括各式會讓人眉頭一皺的物質，像是玉米糖漿、棕櫚油及聚糊精（polydextrose），這是一種用來改善食品口感的纖維。嬰兒食品還只是加工食品的冰山一角，有害物質隨處可見，包括人造色素、糖精、吡啶，列都列不完，雖然美國食品藥物管理局將這些成分都列為致癌物質並禁止使用，但食品公司仍然照用不誤。你可能會疑惑為什麼還能繼續用？因為美國食品藥物管理局給食品公司好幾年的時間去修改配方，拿掉被禁止的成分，同時也沒有任何產品被召回，你現在還是可以在亞馬遜上買到我說的嬰兒奶粉。

我們都期待自己吃下肚的是有史以來最安全的食物，其實從很多層面上來說，這些食物都很安全沒錯，我不否認我們的法律系統基本上有在運作，但是人類的健康卻正在衰退，而很大的原因來自美式飲食的盛行。是時候重新檢視我們過去的壞習慣，並開始考慮改吃未來食物了，包括不是從乳牛身上擠出來的牛奶、不是由母雞生的蛋、還有不是游在海裡的蝦子。未來的食物將來自訓練有素的科學家之手，許多人都是從藥品領域轉行，組織和細胞生物學家、分析化學家、食品科學家、以及工程師正攜手合作，發明他們宣稱能造福世界的食物。但是為了餵飽數十億人，我們需要大規模的供應鏈，為了從酵母、細菌、單細胞生物憑空變出食物，我們需要工業化系統，由糖和玉米等作物支持，這和我們現在用的一樣呢，我們還需要化學營養物質，像是胰島素、生長激素、胺基酸。如果我們的健康因為現行的工業生產方式而衰退，難道我們不該尋找不會繼續助長相同結構的新方式嗎？

隨著食物生產在二十世紀逐漸從農場轉移到工廠，一般人都認為不需要知道「香腸是怎麼做的」，背後的預設是人類為了生存而宰殺動物是必要之惡，大部分的人都不願意去思考這部分。但到了二十一世紀初期，透明的食物生產過程開始顛覆先前的觀念，名廚丹・巴柏（Dan Barber）和作家麥可・波倫（Michael Pollan）等人，都寫書告訴我們食物的品質非常重要，而且食物的風味是我們需要恢復並保護的生態遺產。千禧世代喜歡來自有機農場及理念導向食品公司的食物，食物的成分有一些可以念得出來，會讓他們覺得比較好。食物系統更為環保、特殊飲食法及健身風氣的盛行、營養相關的新研究，都促成了這樣的積極改變。

很難找到一本比麥可・波倫二〇〇六年的《雜食者的兩難》（*The Omnivore's Dilemma*）觸動更多人，並為現代食物帶來更深遠影響的著作，我自己也深受感動。「巨食」也感受到這股趨勢，科技宅離開企業經營起農場，消費者也願意掏出更多錢購買商品，「農場直送餐桌」、「慢食運動」、回歸生物多樣性，聽起來都超讚。但是波倫不是靠一己之力想出這些，最初是一九七一年時，法蘭西絲・摩爾・拉普（Frances Moore Lappe）以誠摯的方式，在《小小星球的飲食方式》（*Diet for a Small Planet*）中開啟這場對話，她在書中寫道：「最浪費也最沒效率的食物生產系統，就是由少數人掌控，並為少數人的利益服務。」這個觀點至今仍啟發著我。

二〇一五年我開始採訪食品科技領域時，正好趕上各種環保餐廳開張的風潮，我很想知道會不會有創辦人提到上述的作家及觀點，但是並沒有。波倫和奈達一樣，也很擔心人類依靠的是一個我們並不瞭解的食物生產系統，他寫道：「食品工業努力想加深我們對所吃食物的焦慮，這樣就更容易用新的產品來舒緩這些焦慮。」他在書中也點出我們對超商琳瑯滿目的貨架以及不斷推陳出新的食物，所感到的「迷亂」，《雜食者的兩難》於二〇〇六年出版，目前情況依然沒有什麼改變。

因為我對個人飲食相當戰戰兢兢，所以也開始尋找各種方法來舒緩身為糖尿病患者的心理負擔，我曾經嘗試過各種飲食方式，包括「Whole30」三十天全食療法、間歇性斷食、素食生酮飲食等，透過這些方法，我發現吃越少加工食品，越容易控制血糖，而且整個人感覺更好，睡得也更香。水果、蔬菜、穀物、豆類等，是對我們身體最好的食物，但在匆匆忙忙，又有這麼多可以外帶的美食擺在眼前時，我們常常會忘記這點。未來食物也在加速這樣的過程，用加工植物取代整棵植物，用類蛋白質取代傳統的蛋白質。到底哪一種對我們的身體才是最好的？食科公司的創辦人以為只要把食物做得好吃，就不會有人注意，但過不了我這一關。這些食物是不是金玉其外，敗絮其中呢？我的這段寫作旅程，就是為了要揭開這些神祕食物的起源，並且透過我的報導，讓這些食物原原本本呈現在大眾眼前。

我寫這本書是為了協助跟我一樣喜歡食物的人，提供多一點科學知識，我在書中探討的未來食物可能會、也可能不會逆轉目前的生態浩劫，而這些食物能否提供我們更豐富、更愉快的飲食方式，現在也還沒有定論。但是在這個轉捩點上，即便人類的飲食從動物轉移到植物、從簡單轉移到科技，我們仍不應失去努力這麼久才達到的公開及透明。我希望這本書能夠促進更多對話，並且讓更多人開始注意香腸到底是怎麼做的，雖然我們現在講的香腸，很可能是由植物或真菌製成。

第 1 章

# 藻類

- 史前蒼翠
- 青蘋果綠
- 藻類：改變遊戲規則的微生物
- 螺旋藻的璀璨前景
- 從藻類取得我們所需的蛋白質
- 藻類飲食

## 史前蒼翠

科幻小說家很喜歡猜想人類未來古怪又噁心的食物及飲食方式，在這之中，藻類可以說是排行榜常客，為奇異的反烏托邦世界增添一股獨特的「魚腥味」。在一九六八年的《人類陷阱》（*The People Trap*）中，人類文明靠的是「魚肉麵包夾加工藻類」支撐，一九五二年的《宇宙商人》（*The Space Merchants*）中，替代肉類的食物則是由紐約廢水滋養的海帶、火地島（Tierra del Fuego）的浮游生物加上哥斯大黎加的綠藻製成。一九六六年的《給點空間！給點空間！》（*Make Room! Make Room!*）中，則出現一種蘇打餅，上面鋪著薄薄一層人造奶油、鯨油、綠藻，一九七三年的電影《超世紀謀殺案》（*Soylent Green*）便是根據本書改編，片中預測了垂死的海洋、耗盡的資源、終年的濕氣，那些我們現在每天在電視新聞上看到的生態浩劫。四十年後，片中虛構的食物「Soylent」成了人類史上第一個製造出來的古怪未來食物，發明者可能覺得吃東西是件浪費時間的麻煩事吧。

我是個美食控兼科技狂，曾經住過舊金山、洛杉磯、紐約，三個全美最有健康意識的城市，在我心中，深綠色的食物就等於健康，顏色越深，代表抗氧化劑含量越高，也就是維他命和其他能夠防止身體細胞損壞的物質。我會為了補充omega吃螺旋藻營養品，也會吃乾海帶，而且只要餐廳菜單上有海帶芽或鹿尾菜海草沙拉，我就會點來吃。我喜歡這些東西背後的**概念**，史前的蒼翠全都是藻類，它們是存在超過十億年的海洋生物。亞洲人食用藻類的歷史已經有上千年，不然至少也有幾百年，原住民會利用泉水附近及溪流邊的翠綠植物，此外，非洲這片似乎永遠食物短缺的大陸，也找得到藻類的蹤跡。藻類也曾上過太空，做為太空人的食物，不過結果不太成功，太空人討厭藻類的程度跟小孩討厭菠菜差不多，NASA的想法很棒沒錯，但可能需要好好研究一下食譜。

藻類提供了一種可能性，能夠餵飽這顆星球上的人類和動物，而且不會像集約農業和漁業一樣破壞環境，可是即便食用藻類已經行之有年，藻類的商業化卻是近幾年才開始發展。我的研究帶領我深入食物世界的隱藏角落，比如我曾發現某些物種含有超級豐富的蛋白質，連肉類、牛奶、雞蛋、大豆都望塵莫及，我還得知眼蟲的存在，這是一種單細胞生物，不屬於藻類，但也很接近了。我也發現了浮萍，它雖然也不是藻類，不過一樣擁有很多營養，還有紫紅藻，屬於海草的一種。這些東西其實都屬於同一個大家族，只是分類上有點難懂，或許這也就是為什麼大家總是想到藻類。反正這些東西都是能夠利用光的水生生物，這是我能想出最廣泛的定義了。

二〇一九年，科學家暨「不可能食品」（Impossible Foods）公司創辦人派特．布朗（Pat Brown）在《紐約客》（*The New Yorker*）雜誌的文章中，熱情地談到一種讓他魂牽夢縈的迷你蛋白質，據他所說，RuBisCO（Ribulose-1,5-bisphosphate carboxylase/oxygenase，核酮糖—1,5—二磷酸羧化酶／氧化酶）是「世界上最豐富的蛋白質來源」，可以在植物的葉片中找到，非常迷你，而且幾乎「不可能」分離出來，不可能食品做出他們第一個原型漢堡時，用的就是 RubisCO。布朗表示：「RuBisCO 比其他蛋白質來源效果更好，讓漢堡吃起來更多汁。」當時讀完之後，我把那頁雜誌折起來，還把這個好笑的化學物名稱圈起來。

那個禮拜我和布萊恩．法蘭克（Brian Frank）見面時，雜誌還放在我的包包裡，法蘭克住在舊金山，負責管理一間剛起步的創投公司，專門投資科學和科技產業，我們還蠻常遇到的。二〇一九年時，我邀請他參加我舉辦的未來食物工作坊，在那次討論中，我問法蘭克他現在最期待的是什麼。他從夾克前的口袋拿出一個小瓶子，裡面的米色粉末看起來像沙子，但對法蘭克來說，這是一個幾乎隨處可見的魔幻蛋白質來源。他口袋中的「沙」，便是從浮萍提取而來，浮萍又稱青萍，在世界各地的水中都能找到，但大部分是鳥的食物。在實驗室中，這種蛋白質則以「RuBisCO」為人所知，聽到這裡，我的耳朵都豎了起來，法蘭克跟聽眾說他最近在投資一間聖地牙哥的新創食品公司「Plantible」，他們希望能研發出下一個豌豆蛋白，碰巧的是，我下個月就會到聖地牙哥一趟，因此我寄了電子郵件詢問：我方便去拜訪嗎？

## 青蘋果綠

「找一個傾斜的白色信箱就對了。」東尼・馬汀斯（Tony Martens）在電子郵件裡寫道，我轉進一條坑坑疤疤的泥土路，在一輛辦公拖車旁停下，遠處是北聖地牙哥連綿的山丘，拖車後方有幾座破爛的塑膠溫室。馬汀斯走出來跟我打招呼，伴隨一抹主人的微笑，歡迎我來到他們的新家：「我們才剛租下這裡。」Plantible 的共同創辦人毛里斯・范・德・凡（Maurits van de Ven）也從裡面走出來，一邊用手提提褲子，他非常高，頂著一頭濕淋淋的頭髮，興奮溢於言表，手上拿著一盤花椰菜跟人造肉。我試著分辨誰負責研發，誰負責談生意，但我分不出來，馬汀斯述說他們是怎麼從阿姆斯特丹來到加州北聖地牙哥的這條泥土路上時，范・德・凡在旁邊享用他的午餐。

Plantible 種植的是浮萍，一種微小的漂浮水生植物，同樣不屬於藻類，但卻蘊含豐富的 RuBisCO，這是一種酵素，在植物的光合作用中負責固碳作用的第一個步驟，植物會吸收大氣中的碳，並將其轉換成其他能量形式，像是葡萄糖和蛋白質等。浮萍有百分之四十到四十五由蛋白質組成，除了是鳥類和水生動物的食物外，某些地方的人將野生的浮萍視為有害的雜草，就像葛藤（kudzu）一樣，因為浮萍可能會完全覆蓋水體表面，阻礙其他水生植物生長。但是根據這些創業家的說法，為了取得其中蘊含的蛋白質，種植浮萍供人類使用，有非常大的商機。

《紐約客》雜誌的專欄作家泰德．法蘭德（Tad Friend）在介紹派特．布朗時，提到現在沒有人在大規模生產 RuBisCO。Plantible 這些熱情的荷蘭人是在賭自己能夠證明法蘭德的看法是錯的，不可能食品的研發團隊手上甚至還有一些來自 Plantible 的蛋白質粉末供他們研究。

馬汀斯解釋道：「RuBisCO 很酷的一點在於，這個東西和高蛋白、乳清蛋白還有酪蛋白很像，你可以用更高的效率製作起司、乳製品，或類似肉類的口感，濃縮程度比大豆、豌豆、小麥、稻米，或隨便你拿什麼來比，都低很多。」問題是在更為常見的 RuBisCO 來源中，像是那些「我們可以咀嚼的綠色植物」，種植者不想再從本來就很好賣的食物中，像是甘藍菜、菠菜、萵苣等，特地把分子分離出來。我開始看見這件事的挑戰何在，雖然農場的廢料，像是花椰菜葉或蘿蔔葉等，也是另一個取得豐富 RuBisCO 的來源，但要獲得穩定、乾淨的原料供給，始終是一個會隨季節改變出現的障礙。

上述原因解釋了這整件事的迷人之處，促使兩個三十幾歲的企業家離開水氣充足的阿姆斯特丹，搬來乾燥的北聖地牙哥開公司，種植需要水的微小水生植物，期待有天能夠取代烘焙用的雞蛋和優格裡的牛奶。食物世界裡這股混合淘金熱和狂熱創業精神的脈動，是由以下兩者孕育：尋找下一隻金雞母的矽谷創投基金，以及拯救這顆星球的熱切渴望。雖然我們現存的食物系統有足夠的能力、實驗室、資金，大公司卻完全沒有任何動機尋求食物的替代方案，對傳統農業或工業化農業的信徒來說，地球的資源是取之不盡、用之不竭的，根據川普的看法，氣候變遷壓根不存在。幸好還有很多人在乎，並關注幾乎天天燃起的野火、融化的冰山、暖化的海洋，從而啟發一整批擁有不同目標的新創食物公司。值得注意的是，「巨食」時時看著我們，他們甚至開始買下這些新創公司，最後可能導致這些原創性十足的善舉消失殆盡。

回到原創性上，浮萍的綠就如同一顆完美打蠟的澳洲青蘋果（Granny Smith Apple），在 Plantible 溫室的橢圓形池塘中靜靜漂浮著，伴隨水車的打水聲及陣陣微風，水車能幫助水體循環，塑膠牆壁讓室內保持溫暖潮濕，某個地方傳來的滴答聲，則為我往下凝視的這一大片碧綠增添了沉靜的氛圍。「真是太催眠了。」我告訴這對企業家，他們爆出笑聲，我不是第一個有這種感想的人，「我能吃吃看嗎？」他們回答：「沒問題。」我把食指浸入池中，拿起來時上面覆蓋了一層水汪汪的綠色碎片，看起來就像碎掉的毛豆，我把這搓翠綠放進口中，吃起來像美生菜或是鬱金香莖（我承認我吃過啦），非常多汁爽脆。

范．德．凡說：「我們基本上找遍了世界上所有綠色植物，從紫花苜蓿到含有葉綠素的藻類，每個都擁有 RuBisCO，然後我們發現了浮萍宇宙。」我花了一點時間消化「浮萍宇宙」這個詞，傳播到水體中之後，這種生物就會自己不斷繁殖，讓 Plantible 擁有一個生生不息的供應鏈。我們走過幾座溫室，這是兩人從另一間試圖以商業化方式種植藻類，最終破產的公司繼承而來（看吧，工業化農業的信徒！），接著馬汀斯帶我到負責處理蛋白質的區域，也就是另一座拖車裡。

省吃儉用的新創公司非常罕見，而且值得尊敬，和我在一九九〇年代末期網路泡沫化時工作的公司完全相反，當時我們全都在玩桌上足球機，坐的是高級的人體工學椅。Plantible 除了十八座現成的溫室以及租賃的組合屋辦公室外，還找到其他省錢的方法，像是他們直接使用食物調理機，而不是使用跟一台新車一樣貴的分子液化機，他們也試過其他設備，但效果並沒有比較好。「很難贏過 Vitamix 調理機啦。」馬汀斯開心地表示，拍拍身旁的機器，綠色的藻泥經過攪拌之後，會進到一台看起來像是泳衣烘乾機的機器中，就是那種十秒之內就會毀掉你肩帶的機器，蛋白質和纖維會在這台旋轉器中分離，接著透過加熱去除綠色的葉綠素，最後再用活性碳去除其中的多酚。Plantible 正在想辦法廉價出售葉綠素和多酚，很可能是賣給營養食品公司，因為這些物質雖然對人體有益，卻不利於分解出蛋白質，因此目前仍屬於無法使用的廢料。[1]

Plantible 已經將他們的蛋白質樣本寄給許多公司，並獲得一致好評，因為許多新創食品公司都還在掙扎是要以商業化的方式自行製作原料，或是只要專心發展自己的消費者友善產品就好。Plantible 目前選擇將重心放在擴大蛋白質製造的規模，但馬汀斯和我保證，他們已經在開發不同的品項，他表示「每天我都會收到大概二十封電子郵件想索取樣本，我們的態度則是，嗯，我們必須留下這些樣本，這樣才

1 食品製造中另一個類似的例子，便是在製作蛋液的過程裡，廢棄的蛋殼中所含的鈣質。

能開發自己的產品。」優格在這個清單上名列前茅，不過把藻類拿來取代烘焙食品中的雞蛋，也已經快要成為第一要務。為了達成這個目標，兩人從 Soylent 請來了一名食品科學家，就是那間生產能夠取代正餐的綜合飲料的洛杉磯公司。

你不能把公司取名叫「Soylent」，卻不使用任何藻類，這款飲料剛上市時，使用的是海藻油，但因為某些製造上的問題，後來改用葵花油，其中主要的蛋白質來源是大豆蛋白質，這是加工食品世界中最常見的原料。但是 Soylent 負責產品開發及創新的副總茱莉．道斯特（Julie Daoust），仍然一直測試藻類原料，她認為這種原料是「未來食物的一部分」。不過在《超世紀謀殺案》這部電影中（也就是這間公司名字的出處），以及所有人想到「未來食物」時腦中似乎都會出現的畫面：最後成為食物來源的，其實是死人的屍體。

很噁我知道，但是這部一九七三年的電影提出了一個警告：你必須了解你吃的食物，它是對社會以及周遭世界所下的註腳，直至今日仍是如此。

半年後我再度拜訪馬汀斯，當時是七月，新冠肺炎已開始肆虐全美，不過即便受到疫情影響，Plantible 仍在四月成功募集了新一輪四百六十萬美金的資金，兩名創辦人租了露營車，直接在公司裡生活，團隊逐漸茁壯，並開始測試不同浮萍的生長率和蛋白質含量。但是雖然馬汀斯終於放棄了他最愛的 Vitamix 調理機和泳衣烘乾機，改用膠體研磨機和離心機，Plantible 一個禮拜的產量仍然不到一公斤。他們預計在二〇二一年時完成實驗植物的研發，使產量來到每週十公斤，在此之前，他們都無法應付如雪片般飛來的樣本需求，馬汀斯表示：「我們明年的量也全賣光了。」

但要達到只為單一客戶供應原料的程度，暫時拿不可能食品來說吧，那麼 Plantible 絕對需要更多資源。「假設（不可能食品）每年需要一千噸的 RuBisCO 蛋白質，那表示我們需要兩百四十英畝的藻類[2]，約等同全美大豆種植面積的百分之零點零零零三。」這些都只是估計，但是目前為止 Plantible 農場的總面積僅有兩英畝，而且只有其中一英畝覆蓋著催眠般療癒的浮萍。

2 兩百四十英畝約等同一百八十二座足球場，或三千七百二十二座網球場的面積。

## 藻類：改變遊戲規則的微生物

植物王國很大，藻類王國更是廣袤，雖然科學家對於到底什麼是藻類還沒有普遍的共識，卻已經發現大約七萬兩千種物種，都還沒開始分類呢，而在這些物種中，人類會食用的只有非常少數。藻類是簡單的生物，能夠藉陽光的能量快速繁殖，和其他類似的水生生物相比，藻類能夠製造最多的脂肪、蛋白質、碳。藻類也是能夠滿足各類現代需求的資源，名單長到列不完，包括生質燃料、食物、肥料、天然色素等，因而藻類這種微生物能改變遊戲規則的兩大原因，便是其產品的多樣性，以及相對的永續性。不過在食品工業中，藻類可說是根本還沒發揮所長！

考古證據顯示，人類將藻類當作食物已有數萬年的歷史，像是螺旋藻這種常見的藍綠藻，在數個世紀前就已成為中非人的食物，螺旋藻在查德叫作「迪赫」（dihé），生長在科索洪湖（Lake Kossorom）中，撈起來放在陽光下曬乾後，就能拿來煮肉湯或蔬菜湯。在超過四百年前的墨西哥也可以發現螺旋藻的蹤跡，風乾後能拿來製作一種叫作「石屎」（tecuitlatl）的蛋糕，現在你則是可以在你家附近的水果攤和超市的貨架上找到螺旋藻。如果你吃魚的話，也等於間接在攝取藻類，海洋富含藻類，而海洋蛋白質中主要的碳都來自藻類，因為大部分的魚類都缺乏能夠分解 omega-3 脂肪酸，也就是二十碳五烯酸（eicosatetraenoic acid，EPA）和二十二碳六烯酸（docosahexaenoic acid，DHA）的酵素，所以這些脂肪酸會跟著傳遞到吃海鮮的人類身上。我們可以用這種方式攝取 omega-3，或是省略「中間人」，直接從其來源，也就是藻類攝取。

營養學家告訴我們，為了攝取 omega-3，最好一個禮拜吃兩次魚，這樣可以增進大腦健康，並舒緩發炎及關節炎等，進一步的研究則顯示，這些重要的脂肪酸能夠減緩隨著年老而來的認知退化，並預防阿茲海默症和其他失智症。雖然這些研究還不是百分之百確定，但到目前為止，攝取藻類看起來有百利而無一害。看在藻類的價值上，我每天都會吃藻類做的 omega 營養品，希望我上面說的好處都是真的，而且我也不只是撒了一泡很貴的尿而已。

科普作家茹絲・卡辛吉（Ruth Kassinger）在她二〇一九年的著作《藻的祕密》

（*Slime*）中曾寫道：「海洋中存在的藻類，比宇宙所有銀河中的星星加起來還多。」藻類肩負滋養地球生命的重責大任，我們呼吸的氧氣有百分之五十來自藻類，因此任何會破壞藻類的事情都是超級壞消息。二〇一九年是史上第二熱的年份，而且在二〇一五年到二〇一九年間，二氧化碳的排放率增加了百分之二十，這些氣體會待在大氣中長達數世紀，在海洋中還會待更久，因此有許多科學家認為，人類的食物供給正在遭受威脅。

美國參議院便將藻類視為一種氣候友善的解決方案，還將這種生物加入二〇一八年的農業法案中，藻類因而從食物升級成一種農作物，並獲得各種補助，目的是促進藻類作為農作物的用途，從藻農的作物保險，到建立新的美國農業部（United States Department of Agriculture，USDA）藻類農業研究計畫（Algae Agriculture Research Program）。在學界，加州大學戴維斯分校（University of California, Davis）正在進行幾項計畫，他們特別關注如何降低牛隻排出的甲烷，研究人員同時對乳牛及肉牛進行測試，結果令人震驚[3]。初步的研究結果顯示，只要在飼料中加入紅藻，精確一點來說是「Asparagopsis armata」這種紅藻，就算只餵乳牛吃一點點，也能有效降低腸胃蠕動的速度，讓牛少打一點嗝，因為打嗝會使牛在咀嚼及消化青草後，朝大氣排放甲烷。就算只加一點也有效，光是藻類含量百分之零點五的飼料，就能降低百分之二十六的甲烷排放，藻類含量提高到百分之一，更能降低百分之六十七的甲烷排放。未來的研究可能會再追根究柢，指出這種酷炫的飼料會不會改變牛排的味道，或許有一天，畜牧飼料的趨勢會從吃草變成吃海藻也說不定。

「我認為微藻也非常有潛力。」阿薩夫・札克爾（Asaf Tzachor）在電話中這麼對我說，他是劍橋大學人類滅絕風險研究中心（Centre for the Study of Existential Risk，CSER）的研究員，負責研究重要的生命支持系統，對象包括食物，還有食物在面臨某些嚴苛情況時會如何演變。我們能夠用合理的價錢取得安全又營養的微藻

3 史特勞斯家庭乳製品公司（Straus Family Creamery）的創辦人艾伯特・史特勞斯（Albert Straus），在加州馬林縣（Marin County）擁有一座有機牧場，他受美國農業部的國家有機計畫（National Organic Program）所託，進行一個為期六周的實驗，餵他的乳牛吃一種新潮的海藻飼料，飼料則是由藍海穀倉公司（Blue Ocean Barns）提供。

嗎？微藻農場隨插即用的系統能夠移植到其他國家嗎？有什麼現成的科技可以運用嗎？他告訴我「一次回答這些問題非常困難」。

對札克爾來說，藻類是一種舉世無雙的農作物，你可以用經過改造的人造物質來替代天然物質，用ＬＥＤ燈取代生長所需的陽光，把可耕地換成荒地，飲用水換成海水，可以把種植環境連根拔起移植到城市中，並透過調整ＬＥＤ燈的亮度來增加繁殖率，藻類可以說是食物危機的終極解答，而且可以輕易跨越文化隔閡。札克爾表示：「微藻的美麗之處，在於其來自海中，而海洋常給人健康的印象。」他是對的，大部分的人都認為海洋很健康，即便海洋的某些部分正遭受某些人稱為「太平洋垃圾漩渦」（Great Pacific Garbage Patch）的威脅，這是一個巨大的塑膠汙染區域，面積為德州的兩倍大、法國的三倍大。

## 螺旋藻的璀璨前景

我在寫作這本書的中途搬回舊金山居住，因為儘管房租很貴，大部分的食科公司仍位在西岸（最棒的海岸？），能省下一些交通時間，而且公司創辦人早就都住在這裡，沒住在這裡的人，也常常會為了研討會或投資人會議進城來。二〇一九年時，我就是在這種情況下，終於見到艾略特．羅斯（Elliot Roth），他二〇一六年在維吉尼亞州創辦了「Spira」，即使 Spira 的產品不斷推陳出新，其目標仍是要將藻類做成某種產品，或是任何可能的產品，這點未曾改變。

我和羅斯約在舊金山教會區（Mission District）鬧區一間叫作「抹茶石磨坊」的時髦咖啡廳見面，放在我面前的是一杯顏色像玉的超貴抹茶拿鐵，羅斯的小鎮風穿搭在他走進前門時也一起飄過來，破舊的 LL Bean 後背包掛在一隻手上、寬大的風衣隨著他的動作擺盪、頭上戴著一頂手織帽，就像我媽會織給我的那種，他把帽子拿下來時，頭髮也彈了出來。打完招呼後，羅斯馬上把手伸進口袋，拿出一個透明容器，蓋子是螺旋蓋，裡面裝滿亮藍色的粉末，他把容器遞給我，說道：「我們把這叫作『電子天空』，聞起來像起司。」

我把鼻子湊近容器，並用手指捏住鼻子吸了一口精細的粉末，他說得沒錯，粉末確實有類似起司的質地，但是它鮮豔的藍色卻在和我的味蕾拉鋸，就像亨氏

（Heinz）出品的紫色番茄醬，完全沒道理。他把粉末加到他的抹茶拿鐵裡，我也跟著照做，我說：「有何不可？反正不就是抗氧化劑。」我把藍色攪進綠色，並為染色效果驚嘆，接著開始思考我是不是毀了這杯超貴的飲料。

藍色非常棒，就像塗在中國瓷器上的鈷，但是大量的鈷具有毒性，現今廣泛運用在食品加工中的石化藍色色素也有毒，這就是為什麼羅斯會把注意力放在這種不自然的顏色上，他表示：「大家不喜歡食品中出現石化原料。」二〇〇八年起，公益科學中心（Center for Science in the Public Interest）就開始督促美國食品藥物管理局禁用多項食用色素，M＆M巧克力的製造商瑪氏食品（Mars）因而投注巨資及多年時間，發展從藍綠藻中萃取天然藍色的技術。二〇一六年，《紐約時報雜誌》刊出了一篇深度報導，主題圍繞在「大型食品公司能否改變？」（Can Big Food Change?），食品及畜牧業記者瑪利亞．沃蘭（Malia Wollan）在文中報導了瑪氏食品從藍綠藻中萃取藍色一事，以及藻類產業因為成為瑪氏的色素供應商，而瀰漫的興奮之情。

沃蘭在報導中寫道：「食品公司在發展高度飽和的天然色素上所投注的大量成

本和努力，有一部分是為了維持現狀，也就是保護其產品多年來留下的遺產。但他們也知道，從生物學上的角度來說，高對比的深色確實比較吸引顧客，不僅是顧客對某種特定糖果的思念而已。」

二〇一六年，瑪氏食品宣布他們會在五年內停止使用人工色素，範圍包括他們製造的所有供人類食用的產品，話雖如此，使用天然色素的M&M巧克力仍未上市，如果你翻到M&M的包裝背面，你會發現瑪氏食品還在使用別名食用藍色一號（brilliant blue FCF）的E133（永遠要對用數字命名的食物保持戒心！）我曾試著和瑪氏食品聯絡，但沒有得到任何回音。羅斯告訴我：「瑪氏食品在藻類上燒了一堆錢，我們對此非常好奇。」

我對手上的藍色粉末讚嘆不已，Spira成功做到了，至少看起來是這樣，他們從螺旋藻中取出了一抹鮮明的藍色，螺旋藻是一種微藻，食品工業因其營養價值而長期種植。但是螺旋藻本身仍是一種奇特的原料，雖然札克爾給它非常高的評價，藻類仍被科技所束縛，而科技所費不貲。此外，藻類微小又敏感，只要隨便弄錯什麼東西，不管是溫度、光照、養分，藻類都很快就會死光。

在我攪拌抹茶拿鐵時，羅斯又從背包裡拿出另一瓶樣本，他解釋道：「剛剛那是我們從螺旋藻中分離出來的食用色素，密封後能夠在室溫下長時間儲存，而這一罐……這一罐是蛋白質。」小瓶子裡裝著不規則的塊狀物，看起來像骯髒的粉筆，我問：「是從藍綠藻分離出來的蛋白質嗎？」羅斯點點頭，並告訴我他的小小人造藻類有百分之四十八是由蛋白質組成，為了得到鮮豔的藍色以及蛋白質塊，Spira 直接在實驗室裡把東西合成出來，用另一種方式來說，就是這種藻類經過基因工程（genetically engineered，GE）處理或是受到基因改造（genetically modified，GM）。二〇一八年，美國農業部針對基改食物的標示提出了明確的規範，政府最後決定使用「生物工程」（bioengineered）一詞，來描述羅斯在實驗室裡製造的這類原料，也可能會標示為ＧＥ，「AquaBounty」預計於二〇二〇年底開賣世界第一條基改鮭魚，而 Spira 雖然還沒把他們的藍色調整到可以承受烹煮、加熱、冷卻的程度，但也快了。

我一開始是在二〇一七年和羅斯在電話上認識，那時我為了替《新創公司》（*Fast Company*）雜誌撰寫一篇藻類相關的文章而訪問他，他當時正忙著用他在朋友車庫打造的ＤＩＹ實驗室種出來的螺旋藻，製造一種他稱為「活菌光合作用茶」的飲料，我請他寄樣本來，但他說這種飲料沒辦法放那麼久：「保存期限很短。」飲料是深綠色的泥狀，看起來超級難喝。羅斯真的是白手起家，他在事業發跡初期，靠的全是從魚缸裡撈出來的螺旋藻，還有在附近麵包店工作的朋友給他的臭酸貝果過活。

螺旋藻的清新味道，改變了藻類要不是沒有什麼味道，就是有一股濃濃噁心菜味的情況，新鮮的藻類沒有味道，不過曬乾磨成粉後出現的濃厚氣味，雖然在許多文化中廣受歡迎，但對其他人來說可能難以承受。在做飲料之前，羅斯先發明了一種陽春的調理機，他自嘲「就像台咖啡機」，可以在家裡生產藻類，這很適合送給那些相信世界就要毀滅，每天忙著儲存一堆物資的人。「他們一定超愛的啦。」這種機器最後賣了兩百五十台，羅斯虧了一大堆錢，於是把腦筋動到了飲料上。

二〇一九年，羅斯把 Spira 搬到加州的聖佩德羅（San Pedro），這是長堤（Long Beach）附近的一個港口城市，並且再次展開實驗，試圖把螺旋藻基因改造成「電子天空」，Spira 的五人團隊起初在停車場中的貨櫃屋實驗室工作，現在則屬於

「AltaSea.org」的一部分，這是一個大型的海洋相關產業育成中心，由洛杉磯市政府出資，以支持藍色經濟，目標是利用世界上的海洋資源來發大財。

和種植浮萍一樣，種植藻類最「簡單」的方式，就是把它直接種在形狀像小型跑道的巨大露天池塘中，同時為了不要讓藻類發臭，還需要水車來打水，並加入養分，每隔兩天或差不多時間，藻類快要發臭時，就要趕緊收成。羅斯表示：「世界上有數千座藍綠藻農場每天都在倒閉邊緣。」這類農場通常都是在不易抵達的郊區，因此很難找到客戶，但 Spira 可以拿到比較好的價錢，因此生意相對穩定，羅斯的公司和印尼、印度、泰國、蒙古等地的農場合作，他解釋道：「我們善用網路效應。」也就是串聯多座藻類農場的力量，好供應足夠的藻類給他日益增加的客戶。

另一方面，世界各地的露天農場也有自己的問題，像是汙染或是天氣等，藻農因而開始嘗試其他方法，包括在巨大的發酵槽裡種植藻類，或是種在光合作用槽裡，這是一種密閉的玻璃管，會不斷補注養分，因而會持續產生生質能，但這兩種方法都必須依靠電力，因此和太陽能比起來較不環保，同時也需要投入大量成本才能增加產能。

Spira 雖然規模不大，卻前景看好，今年羅斯計畫展開群眾募資，以應付越來越多的客戶，「Gem」便是其中一個客戶，他們的口服維他命中就含有螺旋藻，「101 Cider House」則是用 Spira 的色素製造兩款汽水，「Raw Juicery」的產品是「美人魚檸檬汁」，另外，全球最頂尖的餐廳之一，丹麥的「Noma」，也對螺旋藻很有興趣。大部分的商業實驗室受到疫情影響關閉之際，Spira 的小小實驗室仍持續供應樣本，羅斯表示：「大家都被實驗搞得很煩，但我們現在已經有一大堆客戶了！」

羅斯雄心勃勃，他想讓他的藍色成為輝瑞的威而鋼還有藍人秀（Blue Man Group）使用的藍色，這些都是生活中非常重要的藍色，但是「大公司在賭一把之前，會想先看到科技已經排除風險」，羅斯表示，Spira 最近也開始實驗從紅藻中萃取紅色。

和蘿蔓一樣，藻類也曾成為太空人的食物，但並未持續很久，因為NASA沒辦法把藻類弄得好吃，另外，雖然酥脆的藻類點心在亞洲很受歡迎，但這種點心的美國版，即便有勇於嘗試的千禧世代坐鎮，還是無法成功超越海苔的地位。底特律的「Nonfood」便是少數幾個努力讓藻類變得好吃一點的新創公司，他們的產品是一種叫作「Nonbar」的能量棒，原料是浮萍、綠藻、螺旋藻，每根能量棒除了含有七公克的蛋白質外，還有你每天需要攝取的百分之二十七鐵質、你需要的所有維他命A、四百三十八毫克的 omega-3，包括 α－次亞麻油酸（alpha-linolenic acid，ALA）、DHA、EPA。我認識 Nonfood 的創辦人尚恩．拉斯佩（Sean Raspet）時，他的公司還在紐約的育成中心「Food-X」，我鼓起勇氣試吃他的藻類能量棒原型後，整顆牙齒都變成綠色的。

新的四．〇版能量棒變得更小根，一樣是深綠色的，但加上一些烤過的蠶豆點綴，我在走到圖書館的路上開吃，先咬下一口慢慢咀嚼，吃起來非常特別，帶點香氣，鹹鹹的，不會太甜，我不會說我很愛，但我還是繼續吃，有點像約會一樣，我吃到第三口時已經整個陷進去，覺得怎麼這麼好吃，好吃到我吃完時竟然還因為它這麼小根而有點難過。拉斯佩本身是一名藝術家，對食品調理充滿熱情，他前幾年在 Soylent 當食品調理師，雖然我沒有發現，但拉斯佩跟我說能量棒有點抹茶的尾韻，他告訴我：「我的藝術就是探索大眾對藝術的想像和大眾經濟之間的邊界，Nonfood 就符合我的藝術。」不過雖然我很愛 Nonbar，我還是不確定世界對設計師食物會有什麼看法。

藻類社群不大，卻充滿支持者，所以如果有個人能幹出一番大事業，就能讓整個產業蓬勃發展，亞當．諾伯（Adam Noble）很有可能就是那個天選之人，他的公司「Noblegen」位在加拿大安大略省，正在用發酵槽來培養自己的細菌。形容自己是個「怪小孩」的諾伯，很小就開始接觸細胞生物學，他的父母都是獸醫，常常會把顯微鏡帶回家，讓他能夠近距離觀察事物，他們家住在湖邊，所以諾伯在國中時上網搜尋了「生活在水中的藻類和生物」，因而認識了眼蟲這種生物，它不是植物、不是動物、也不是真菌。「眼蟲是種垃圾生物，一種單細胞生物，超級邊緣。」諾伯說道，這是一種他能夠體會的感覺，「眼蟲這種生物在細胞層次上最屌的一點，就是眼蟲可以說是史上第一個肌肉細胞。」

和藻類一樣，眼蟲也可以經過「改造」，透過攝取不同的原料，吐出特定的蛋白質、碳水化合物、油脂，但是不像大部分藻類需要依靠陽光行光合作用，眼蟲生活在黑暗中。諾伯不想分享細節，但他告訴我：「我們試著講眼蟲的語言，並在細胞層次上了解這種生物。」這表示用適當的外在條件控制眼蟲的新陳代謝，針對不同的產出，提供不同的養分、溫度、酸鹼度等，進而形成他所謂的「細胞人工智慧」。

自然界中的ＡＩ，也就是細胞可以隨著時間受到教導和訓練，而且最後是由植物——而不是機器人——來統治世界，這個概念很難理解，但也沒有荒謬到不可能發生。諾伯形容的事物，聽起來就像垂直農場現在正在對綠色蔬菜做的事，垂直農場會用ＬＥＤ燈來促進植物生長，同時加上感應器來測量植物的反應，以便及時調整光照。

在大型廠房中種植作物需要大量自然資源，包括電力、水，以及穩定供應的原料，為了降低碳足跡，Noblegen 希望能夠開始測試把廢料當成養分的可能性，其中一項主要的原料是糖，能夠從豌豆榨成的澱粉中取得。Noblegen 的創意長暨「Vega」運動營養公司的共同創辦人布蘭登．布雷澤（Brendan Brazier）對此非常興奮，認為這有機會可以取代棕櫚油，在「巨食」大量使用下，棕櫚油成為破壞環境的罪魁禍首，因為種植棕櫚樹會造成大規模的濫伐，並嚴重傷害自然環境。

聖地牙哥的「Triton Algae」是另一間藻類新創公司，他們試著在實驗室中種植一種常見的綠藻，單胞藻（Chlamydomonas reinhardtii），並在細胞中注射鐵質或血基質，使藻類呈現紅色，吃起來還有肉類的口感——根據他們的說法啦。這兩項特色讓他們生產的藻類在人造肉廠商間大受歡迎，血基質是一種蛋白質，由巨大培養槽中的基改酵母產生，就是這項原料，讓「不可能食品」的漢堡擁有遠近馳名的肉類口感，以及擬真的血紅色澤，我在第八章會再深入探討這個不可能食品的祕密武器。Triton Algae 改造了藻類針對綠色的受器，這類受器裡面通常會含有葉綠素，現在藻類變成紅色了，能夠製造血基質的前驅物，但因為不是所有食物都適合紅色，所以他們也正在開發透明版本。

## 從藻類取得我們所需的蛋白質

藻類在亞洲食物中算是主食，但在美式飲食中多用來勾芡，鹿角菜膠（Carrageenan）可說是最常見的藻類產品，在日常生活的許多食物中都可以發現它的蹤跡，包括冰淇淋、植物奶、優格、糖果，當然還有嬰兒食品，但大眾通常會忽略的一點是，鹿角菜膠其實也富含蛋白質。在紅藻、褐藻、綠藻之中，紅藻含有最多的蛋白質，曬乾後的蛋白質比例高達百分之四十七，如果和種植成本最低的農作物大豆相比，一英畝紅藻可以提供的蛋白質比一英畝大豆還多出五倍，這使得紅藻價值更高，也更為環保。由於目前支持人類可耕地的健康生態系統，已經被工業化農業破壞得體無完膚，有遠見的企業家開始轉向海洋，放眼海洋擁有的海藻供應鏈以及背後的無窮潛力。

和過度捕撈的商業漁業以及海洋物種數量減少相比，只要海水沒有遭受汙染或是太過溫暖，海藻其實相對容易種植和復育，此外，以土地為依歸的工業化農業必需依靠肥料，海洋則是擁有自身穩定的養分來源，其中包括組成蛋白質的重要成分：氮氣。如同植物需要活動，海洋的活動則是來自掀起海水的風浪，藻類能夠提供所有人類生存必須的重要胺基酸，包括麩胺酸、甘胺酸、維生素$B_{12}$等，不過依然是蛋白質讓藻類的價值水漲船高。

「海藻企業家」這個稱號雖然聽起來不太炫，依然代表可觀的商機，二〇〇九年，全球藻類市場總值大約五百九十億美金，二〇二〇年預估會再成長六十億美金，這對某些人來說已經夠吸引人，包括「Trophic」的貝絲・佐特（Beth Zotter）和亞曼達・史泰爾（Amanda Stiles），這是一間位在加州柏克萊的食科新創公司。我在一個陰鬱的日子拜訪了他們的實驗室，從停車場可以看到一個小小的潟湖，後方則是舊金山灣，我們坐在會議室中，史泰爾準備了一個托盤，上面放著他們實驗的各種藻類，我把鼻子湊近每一個碗中，吸進海水的鹹味。

佐特表示：「我們認為藻類受到嚴重忽視。」在美國可能是這樣沒錯，但紅藻的市佔率事實上超過百分之五十，根據 Trophic 的說法，紅色的分子和蛋白質有關，也讓海藻擁有豐富甘美的鮮味，佐特還告訴我某些紅藻，特別是紫紅藻，吃起來像培根，藻類富含的蛋白質和鮮豔的顏色，在生產人造肉上可以帶來很大的優勢，佐特補充道：「而且藻類很便宜，只要十分到五十分錢就可以買到整整一公斤。」

在創辦 Trophic 之前，佐特曾為一間日本公司工作，該公司負責研究大型藻類作為生質燃料的潛能，這是一個吞噬許多新創公司的錢坑，到目前為止的失敗經驗，讓我們學會如何以經濟的方式大規模種植藻類，這也能為投資人帶來收益。佐特的夥伴史泰爾則是曾為「Ripple Foods」工作，並在植物分離蛋白質的技術上取得不錯的進展，但這裡的蛋白質是直接拿來食用。史泰爾表示：「我在 Ripple 的工作是盡量獲得高純度的蛋白質，但在這裡我們對蛋白質可以做出的一切事物都超興奮！」

Trophic 的主要業務是食物沒錯，但他們也在進行另一項計畫：試著從藻類萃取蛋白質，並從中獲取能源。二〇一九年，Trophic 從美國先進能源計畫署（Advanced Research Projects Agency-Energy，ARPA-E）得到了五百八十萬美元的經費，這個政府單位專責發展先進的能源形式，Trophic 和新罕布夏大學（University of New Hampshire）還有「Otherlab」合作，發展先進的農場科技來種植藻類。佐特表示：「明年我們會在新罕布夏外海十英里處設置最先進的農場。」團隊的目標是要證明他們的獲益足夠打平支出，因為投資人對需要投入的高額成本興趣缺缺，不過只要透過「潮汐能」，也就是波浪帶來的海流，將下層富含營養鹽的海水打到藻類上，Trophic 的高科技海洋農場就可以自給自足，如果他們成功降低藻類種植的成本，那麼發電可說是水到渠成。

此外，Trophic 也從非營利組織「Good Food Institute」（ＧＦＩ）獲得兩筆經費，以便深入發展從紅藻中萃取蛋白質的穩定方法，佐特表示：「我們的目標是要在價錢和規模上都打敗大豆蛋白。」大豆一公斤只要兩美元，幾乎便宜到無法打敗，這表示 Trophic 一定有什麼祕密武器，而在疫情爆發初期，Trophic 的兩人小團隊也取得重大突破，史泰拉在她的車庫裡建立了一間擁有離心機的實驗室。

不像許多研發新科技的新創公司，Trophic 用ＧＦＩ的資金獲得的研究成果，必需共享給全世界，而不是成為受專利法保護的智慧財產，去年一月，團隊公布了他們能夠獲得純度百分之五十蛋白質的消息，第二台離心機也已經就位了，還有一公噸的紅藻在鄰近的美國農業部設施中等著他們處理，設施位在加州的奧巴尼（Albany），這能夠協助他們擴大蛋白質萃取的規模，並且試驗新的烘乾技術。只要設施重新開始運作，他們就能把蛋白質樣本寄給十幾間迫不及待想測試人造肉的商業公司，佐特在二〇二〇年七月時表示：「我們準備好要衝了，只是在等『防空洞』的入口打開！」

## 藻類飲食

我們可能偶爾才會用點處方藥，但我們每天可是要吃好幾餐，那麼為什麼我們對藥品的安全性了解得鉅細靡遺，但食品公司卻可以隨意加入那些安全性沒有經過驗證或研究的原料呢？新創食科公司對他們發明的創新食物，沒有什麼法律上的專業見解，通常只會遵照下列的理念：對地球有益、能夠拯救動物、對人類來說很健康，甚至比吃天然食物健康。

根據美國疾病管制與預防中心（Centers for Disease Control and Prevention，CDC）的數據，美國人的個人健康會走到今天這個地步，包括肥胖情況持續惡化，到達令人擔憂的程度，而且心血管疾病對大部分的少數族裔來說，都是主要死因之一，全是因為食品公司把賺錢擺在前面，忽略人道價值。加上新創企業的創辦人跟創投基金的投資人，幾乎清一色都是美國白人男性，這樣巨大的不平等難道不會繼續加劇嗎？

究竟什麼是健康的飲食方式？有各式各樣不同的說法，包括原型食物、地中海式飲食、素食等，但是營養科學卻繼續徘徊在其他東西上，像是油脂、紅肉、碳水化合物等。二〇一七年，一篇刊登在《藻類期刊》（*Journal of Phycology*）的研究就曾提到，雖然有「海量的文獻」探討藻類食品的成分，「卻很少有研究以量化方式討論藻類對人類健康的貢獻」，相關研究實在太少了，即便真的有相關研究，也複雜到很難看懂。

簡單來說，每個人都需要攝取同樣的物質，但需要的量因人而異，雖然差距不到非常誇張，但也無法用簡單的法則一概而論，就拿糖尿病來當例子吧：兩個狀態相同的患者，可能需要不同劑量的胰島素，來分解麵包或米飯中的葡萄糖。不只如此，運動量、荷爾蒙、年齡等因素，都會影響食物如何在人體中分解。為營養學研究籌措資金非常困難，而且很明顯不可能研究冷門的食物，像是藻類，就算真的有相關研究，為廣大的人口設立一個共同標準也有其限制所在。

亞洲有研究指出攝取藻類可以預防癌症，美國這邊則是有法蘭西斯．J．費爾茲（Francis J. Fields）等人所作的研究，二〇一九年刊登在《機能性食品期刊》

（*Journal of Functional Foods*）上，探討微藻對腸胃健康的影響，這篇研究來自加州大學聖地牙哥分校（University of California, San Diego）史提夫．梅菲爾德（Steve Mayfield）教授的實驗室，梅菲爾德是藻類產業中知識比較豐富的人，曾經拆分了兩間藻類公司，包括 Triton，同時經營他在大學中的實驗室。這篇研究的研究對象回報，攝取藻類後腸胃確實比較舒服，但是回報的樣本數非常少，還需要規模更大的研究來證實這樣的結果。

對商業化量產的食物來說，穩定的品質非常重要，但在自然界中其實很難達成，生長在海中的藻類本身就會因為物種、季節、沿岸環境而出現差異。藻類的另一個差異之處，則體現在人類對其生體可用率的有限理解，也就是人體吸收藻類營養的程度，以及這些養分如何和人體自身的消化過程互動，雖然我們覺得藻類對健康很好，但我們不知道**是怎麼個好法**。

不過在永續發展上，就有比較多相關證據，在一篇札克爾是共同作者，刊登在二〇一七年十月號《工業生物科技》（*Industrial Biotechnology*）期刊上的文章〈擺脫中介魚：水生微藻作為作為下個 omega-3 脂肪酸及蛋白質的永續來源〉（Cutting

Out the Middle Fish: Marine Microalgae as the Next Sustainable Omega-3 Fatty Acids and Protein Source）中，研究者檢視了人類攝取的各種標準食物，需要用上多少土地及水資源，才能產生相同含量的重要胺基酸，而水生微藻打敗了雞肉、牛肉、豌豆，「因為不需要耕地，所以能夠減少超過七十五倍的土地利用，同時也能降低淡水使用達七千四百倍。」然而，由於在室內種植藻類需要非常密集的能量使用，種植方式需要的陽光越少，碳足跡也會越高。

有一種沒有出現在《工業生物科技》這篇文章中的蛋白質來源，其實是土地運用最少的來源，那就是來自空氣中的蛋白質，這個概念是在超過一百年前，由法國科幻小說家凡爾納在他的科幻小說中率先提出。位在加州陽光谷（Sunnyvale）的「NovoNutrients」就正試著從甲烷排放中獲取二氧化碳，兩者都是我們希望臭氧層內越少越好的溫室氣體，並且將其製成蛋白質，當作魚飼料使用，二〇二〇年，NovoNutrients更和能源巨頭「雪佛龍」（Chevron）集團如火如荼展開實驗。「Air Protein」則是另一家位於柏克萊的新創公司，他們想將空氣變成蛋白質，並且將獲得的蛋白質粉末作成食物，聽起來非常不可思議，但我聽說他們已經成功做出空氣蛋白質「類雞排」，不過沒人告訴我好不好吃。第三家公司則是冰島的「Solar Foods」，他們試圖運用水力發電的再生能源，來達成上述目標。

針對這種「隨處可得」的概念有不少批評，史丹佛大學的氣候科學家馬克・雅各布森（Mark Jacobson）就認為從空氣中抽取二氧化碳做成食物，會浪費太多能量，他表示：「食物並不只是碳而已，也是氫氣和氮氣，你需要能量來製造食物，這個想法聽起來很棒，但只是個噱頭而已，我們不需要從空氣中取得碳，而是應該在一開始就避免碳跑到空氣中。」雅各布森一生的願景是看到全世界的火力發電廠都變成再生能源電廠，用火力發電廠來製造食物，只會增加更多同樣來自火力發電的碳排放而已。但是當我們在思考如何減少作物種植還有農場上的牲畜，並用基因改造製造更多食物時，我們也不能忘記基礎建設的重要性，即該如何提供種植作物所需的水源及電力。

藻類確實有餵飽整個星球的潛力，但前提是有夠多的消費者願意把藻類當成食物，在那之前，藻類仍然會繼續變形。Spira 的創辦人艾略特・羅斯也同意我對藻類將會持續千變萬化、擁有無限可能的看法，他說道：「這是藻類社群的宗旨，藻類擁有無窮潛力。」羅斯是個死忠的藻粉，永遠堅持他的信仰，「人真的只需要做好一件事就好，而對我和我的團隊來說，我們要從顏色開始，特別是從藍色開始。」即使大部分的藻類新創公司都把蛋白質視為重點發展，最後藻類卻可能是以斑斕的色彩，站穩食品原料市場的根基。

第 2 章

# 真菌

- 從電池到雞胸肉
- 用菌絲改良食物
- 漢堡排比賽
- 黴菌可以吃？

## 從電池到雞胸肉

直到幾年前，都還沒幾個人知道「菌絲」是什麼東西，但其可是市場上第一種非大豆人造肉「Quorn」的原料，此外，和動物相比，這也是人類第一次開始攝取來自單細胞生物的蛋白質。製造這種酷炫食物的歷史源自一九六〇年代，當時認為由於世界人口逐漸增加，人類將會面臨蛋白質短缺，那時候預估的人口極限是三十億人。科學家在檢視數千種土壤樣本後，終於選定一種屬於鐮孢菌的真菌「Fusarium venenatum」，只要提供碳水化合物，真菌就可以在培養槽中發酵，並變成可以食用的「真菌蛋白」（mycoprotein），一公克的真菌幾天之內就能變成一千五百噸。但是之後又要再等十年，才成功把真菌蛋白調整成適合人類食用的食品，而且 Quorn 要一直到一九八五年才開始在英格蘭銷售。這種冷門的食物蹣跚走過數十年歲月，有些消費者曾出現過敏及腸胃方面的問題，就和某些人對雞蛋、乳製品、大豆的反應一樣，但現在一切都不同了。二〇一八年時，Quorn 出品的「類雞塊」在克羅格

（Kroger）超市的素食區中，是銷售最好的產品，這個連鎖超市集團在全美擁有超過兩千七百家分店。

真菌蛋白是蘑菇的親戚，屬於真菌王國總計約一百五十萬種物種的一員，不是植物也不是動物，想像一棵百年老樹下方盤根錯節的根系，接著把比例縮小，讓樹根變得很細，如同樹枝上掛著的上千根觸鬚，這樣類似觸鬚的結構，就是菌絲的樣子，菌絲在森林中靠著樹木、土壤、昆蟲、及其他養分維生，因為真菌能夠分解森林地面上的物質，像是死掉的昆蟲或枯葉等，所以擁有「大自然清潔隊」的稱號。早在一九五七年《經濟植物學》（*Economic Botany*）期刊的一篇文章中，科學家就將真菌視為比藻類更有利用潛力的蛋白質來源，不過這兩種生物都常出現在科學家對人類未來飲食的想像中就是了。除卻 Quorn 的成功，沒有其他企業想過要發展菌絲的食物潛能好大撈一筆，直到最近情況出現改變。

根據美國食品藥物管理局的定義，如果你能夠從單一食物來源獲得每天營養需求的百分之二十，包括蛋白質、脂肪、維他命D等，這種食物就能算是「優質營養來源」，用菌絲製作的蛋白質符合這個定義，而且除了蛋白質之外，菌絲還含有複雜的碳，脂肪也很低，並富含抗氧化劑、鈣、鎂、成人必需的九種胺基酸，其蛋白質消化率校正之胺基酸分數（protein digestibility–corrected amino acid score，PDCAAS）則為零點九九，高於牛肉的零點九二。PDCAAS 是一種根據胺基酸及人體消化能力，來測量蛋白質品質的指標，雞蛋的 PDCAAS 為一，雞肉為零點九五，而蛋白質含量從百分之四十至六十不等的藻類則更低。此外，由於真菌已在人類的飲食中存在數百年，要將真菌加進我們的晚餐，當成替代的蛋白質來源，其實不需要太多心理建設。

「Emergy Foods」的創辦人深知菌絲的潛力，該公司位於美國科羅拉多州的波德（Boulder），在他們用菌絲製作「類牛排」前，賣的其實是電池。泰勒・哈金斯（Tyler Huggins）和他的創業夥伴賈斯汀・懷特利（Justin Whiteley）是在科羅拉多大學（University of Colorado）的博士班認識，起初這兩名工科學生，其實是試著把菌絲作成微型電池，希望之後可以替 iPhone 這類大小的設備供電。兩人一開始培養初代菌株時，使用的是當地釀酒廠富含養分的廢水，將菌絲塊烘乾後，就會得到類似碳的物質，能夠作成電極，並當成電池的燃料，根本超強！

可惜的是，他們的真菌電池乏人問津，兩人這次把身家壓在食物上，他們嘗試了數千種真菌，以尋找合適的原料，哈金斯表示：「我們考量的因素包括生長速度、營養價值、味道、質地、碳轉換等等。」最後他們終於從廣袤的微生物圖書館中，找到他們想要的真菌，並將其命名為「蘿西塔」（Rosita）。

「豌豆蛋白現在很流行沒錯，但是真的**有夠**難吃。」哈金斯說道，他是對的，很多人都因為豌豆蛋白吃起來還是太像豌豆而不喜歡，競爭者的機會於是來臨。二〇一九年，Emergy Foods 募集了超過五百萬美金的資金，這對種子資金來說可是一大筆錢，資金來源包括著重先進製造業及全球競爭力的美國能源部（Department of Energy），以及注重永續食物生產的美國國家科學基金會（National Science Foundation）。

Emergy Foods 在發酵槽中種植他們的真菌蛋白，就是釀酒廠裡的那種發酵槽，一切從燒杯中的成串細絲開始，真菌會獲得各種養分，包括糖、氮、磷，這類哈金斯認為「安全得很」的物質，接著在培養槽中慢慢成長，最後充滿整個培養槽，花的時間非常少，十八個小時內，一千公升的培養槽就會被菌絲擠爆。Emergy Foods

一天可以從一個一千公升的培養槽，製造大約三十六至四十五公斤的成品，和同樣產能的工業化農場相比，可以節省百分之九十的土地及水資源。

雖然食物發酵在人類的廚房史中歷史悠久，但種植真菌可不是隨便把真菌和基本營養素丟進發酵槽裡就能成功，所以食品新創公司的創辦人大都口風很緊，會使用「祕密醬汁」這種說法來迴避，不願回答他們的人造食品究竟是怎麼做的。哈金斯向我保證，Emergy Foods 的蛋白質都是用最基本的方式製造，沒有添加強烈的化學物質，「最後的工序很像在做起司，我們把水排掉，然後把菌絲做成雞胸肉或牛排，我們盡量把機能性原料控制在五種以下。」幾個月後我們再次談話時，哈金斯說他們最後的成品只用了三種原料：菌絲、當作色素的甜菜、天然風味，像是香料和營養酵母等，我非常敬佩他們，因為「超越肉類」（Beyond Meat）及「不可能食品」的產品使用的原料種類為十五至十八種，其中不少都經過高度加工，和原先的食材已經相距甚遠。

二〇二〇年時，我終於有機會試吃 Emergy Foods 的第一個產品「真菌牛排」，為了更容易接觸消費者，真菌牛排在超市上市時叫作「Meati」，達成這個非凡成就，讓真菌牛排吃起來就像真的牛排一樣入口即化的人，應該要加薪，因為用哈金斯的話來說，「我們的水準是全牛。」根據營養標示，一塊四盎司的真菌牛排，含有二十二克蛋白質、十克碳水化合物，而且幾乎沒有任何脂肪，相較之下，四盎司真正的牛排，則是擁有十三克脂肪和二十六克蛋白質。此外，真菌牛排還富含鋅，並且能夠提供我超過百分之三十的每日所需纖維，這樣的數據一定會讓每個人都很開心，我也是！

我的「Meati」餐盒裡有一塊真菌雞排、一塊真菌牛排、兩包真菌肉乾，我首先品嚐的是淡紅褐色的肉乾，鹹鹹的，很有嚼勁，非常好吃。某天晚上，我用平底鍋煎「真菌牛排」當晚餐，還沒解凍時，看起來其實不太像肉，但很快就開始在平底鍋上燒焦，我於是加進橄欖油和奶油，看著鍋子發出嘶嘶聲。熟了之後，我把牛排放在砧板上，拿了一把銳利的刀開切，肉的內裡是粉紅色的，外層則是咖啡色，我切了一片放進嘴巴中咀嚼，牛排的質地非常驚人，口感有點像蘑菇，我很喜歡，也跟真正的肉沒有差很多。哈金斯向我保證，這個版本還有改進空間，只要再多一點脂肪，形狀弄得更不規則一點，這塊牛排就能以假亂真。

哈金斯為了測試他的產品，展開了一場旅程，和各地的主廚分享他的真菌牛排，他說其實還蠻容易推銷的，因為真菌牛排的生態足跡很低、原料簡單、主廚也能依照需求自行調整料理方式。你第一個買到「真菌牛排」的地方，很可能是在洛杉磯、紐約、芝加哥的米其林餐廳，因為一種只含有三種原料的類肉產品，對主廚來說根本不作他想，迫不及待想在最難搞的純素主義者客人身上試驗的主廚，也都會受真菌牛排富含的水分和可塑性非常高的口感擄獲。主廚不僅因為真菌牛排未經加工的天然外型，而想要在他們的餐廳販賣這項食物，他們同時也想投資。芝加哥「Alinea」餐廳的主廚格蘭特・阿查茲（Grant Achatz），和名廚丹・巴柏的哥哥大衛・巴柏（David Barber），都在Emergy Foods的A輪募資中出資，這輪募資於二〇二〇年十月結束，最終募得兩千八百萬美元。

不像大部分食科新創公司的創辦人，哈金斯本人不是純素主義者，甚至也不吃素，這對一間試圖複製牛排的新創公司來說，是非常大的優勢，「我對肉類品質的要求非常高，我在蒙大拿州長大，父母經營野牛牧場，不過我也相信永續發展和減少肉類攝取。」由於模仿紅肉的口感非常困難，我問了哈金斯他對競爭對手「不可能食品」在漢堡中使用基改物質血基質有什麼看法，以及 Emergy Foods 會不會也考慮使用基改生物。他回答「我還不覺得血基質是必需的」，並解釋在加入任何只是謠傳一定得加的基改物質前，他更在意對於真菌牛排的口感，「社會大眾怎麼想」，而且「直到大眾想要之前，我都不覺得我們需要」。

## 用菌絲改良食物

距 Emergy Foods 僅僅三十五英里外，就有另一家真菌新創公司「Myco Technology」，他們的目標是使用菌絲來調整及提升植物蛋白的口感，不過和 Emergy Foods 不同，MycoTechnology 無意在超市販售自己的產品，他們對食品製造商的推銷說法是，他們正在製造一種機能性的豌豆和米蛋白混合物，口味更為清淡，不會有很重的蔬菜味。MycoTechnology 的目標遠大，他們希望能夠讓人類的食物系統變得更環保也更健康，不過他們的原料能不能讓我們的食物變得更好吃，這點還有待驗證。

在一頭栽進真菌王國四通八達的食品科學迷宮之前，我對真菌的了解只有我在平底鍋上煎的蘑菇，但蘑菇可以食用的構造，包括菇柄、菇傘、菌摺，和它在地下的結構和在實驗室中的模樣卻大不相同。

你可能從沒聽過 MycoTechnology 這間公司，不過他們現在手上可是握有十五項專利，還有十幾項在申請中，這些技術幫他們募集了超過八千五百萬美元的資金，同時在投資人及「巨食」的支持下，他們還搬進了位於科羅拉多州歐洛拉（Aurora）、佔地八萬六千平方英尺的製造廠房，就在機場和丹佛市中心之間。MycoTechnology 的執行長艾倫·杭恩（Alan Hahn）告訴我，他們擁有的二十四座發酵槽隨時都在培養真菌，不然就是等著清理以便繼續培養，培養真菌的方式和精釀啤酒的製造程序完全相反，可說非常工業化，二十四個笨重的培養鋼槽中，攪拌的全是同一種原料，像這樣的製造設施是人類食物背後的功臣。我在二〇一九年拜訪 MycoTechnology 的設施時，注意到曼菲斯肉品（Memphis Meats）[1]的團隊也準備

1 譯註：這間公司於二〇二一年五月改名成「UPSIDE Foods」，本書中仍參照原書名稱。

要和他們的執行長開會，這是一間來自加州柏克萊的新創公司，來這裡是要參觀MycoTechnology廠房的實際運作狀況。許多食科新創公司都相當依賴能夠支持細胞生長的容器，也就是生物反應器（bioreactor），和發酵的過程類似，Myco-Technology的廠房可說是第一座專為製造未來食物而建造的大型設施。

我第一次知道MycoTechnology是在二〇一五年，當時他們發布消息，表示已找到從麵包和義大利麵中去除麩質的方法，關鍵就是能夠分解蛋白質的菌絲，根據他們的說法，用菌絲麵粉做成的義大利麵，雖然不是百分之百無麩質，但也差不多了。這間丹佛公司發明的另一種真菌原料，則是一種叫作「ClearTaste」的粉末，這是發酵過程中得到的副產品，我們的舌頭上總共有二十五種掌管苦味及其他刺激性氣味的受器，而只要加入一點點，ClearTaste就能調整其中的十八種，這種粉末可以讓苦澀的咖啡變得不那麼澀，也能讓黑巧克力不苦一點。目前市面上有近百種飲料都有使用ClearTaste，可以讓紅茶變得更好喝，我們甚至都沒想過可以這麼做，不過這些飲料的品牌名稱受到保密協定約束，無法在此揭露。此外，ClearTaste也被用於巧克力棒及大麻二酚（CBD）食品中，就是瑪莎．史都華（Martha Stewart）在賣的那種。我拜訪 MycoTechnology 時，杭恩無法跟我分享任何品牌名稱，但他告訴我，我在隨便一間便利商店裡，幾乎都可以買到含有 ClearTaste 的飲料，同時因為含量非常低，食品標示上根本不會標，很可能是屬於標示裡的「天然風味」那一項。

在所有食品標示中，幾乎都能找到「天然風味」這一項，食品記者娜迪亞・貝倫絲坦（Nadia Berenstein）將這種出現在我們食品標示上的模糊標籤，稱為食品工業的「黑盒子」。我第一次遇見擁有賓州大學歷史學博士學位的貝倫絲坦時，她正在紐約大學幫「實驗美食小組」（Experimental Cuisine Collective）上一堂有關化學添加物的課程，這個嬌小的布魯克林人用源源不絕的驚喜，讓我佩服得五體投地，她那時正在講解我們平常最愛吃的糖果是怎麼做成的，教室的桌上放著裝在紙碗中的肉桂糖跟棉花糖。

「去苦劑」（bitter blocker）這個詞聽起來可能很高科技，但是其實就連食鹽都能稍微去除苦味，試試在葡萄柚上灑點鹽，很瘋狂沒錯，但確實有用。那麼一種來自真菌發酵的副產品，又是如何能擁有鹽的效果呢？為了深入了解我對特殊原料的著迷，我打給貝倫絲坦討論「黑盒子」裡的祕密口味，在營養科學中主要有兩派說法，她告訴我「能夠改變口味的物質，是非常令人興奮的原料，代表食品科技真正的進步」，這些物質有能力造就「食物的聖杯，不管吃起來是甜、油、鹹或難吃，但都使用更少對人體有害的原料。」但是另一方面，年輕世代對於把選擇食物的自由交給食品製造商的態度，也有明顯的轉變，「（原料）運作的方式，在這個對化學物質反射性起疑的年代，引發了一些疑慮。」那麼我們為什麼要相信食品工業呢？他們在建立顧客信任上也做得不怎麼樣。

但是我在這趟拜訪 MycoTechnology 新廠房的旅程中，關注的卻是相當不同的東西。

## 漢堡排比賽

我在 MycoTechnology 的食物實驗室中，認識了我遇過最會社交的食品科學家賽薇塔．珍森（Savita Jensen），「實驗袍在這。」她親切地指導我，友善的雙眼在方框黑眼鏡後眨了眨，接著遞給我塑膠瓶，我比她高一點，但我們兩個人其實都蠻矮的。珍森接著和我介紹在她旁邊忙得團團轉的同事，其中一個在聽見我正在找地方吃飯後似乎精神一振，接著大家全都開始討論丹佛有什麼好餐廳，珍森建議我去麵包店看看，並指著他們的生財工具：磅秤、碗、擺滿原料的層架。我那天的行程還包括和珍森一起花一小時，快速做出一塊屬於我的植物漢堡排，隔天再回來料理。珍森的食譜經過數個月的精心調配，只為做出完美的漢堡排，需要多少材料都寫得仔仔細細，精確到要加零點一八克的鹽。我的漢堡排吃起來可能和你家附近的麵包店賣的差不多，但珍森說她用 MycoTechnology 的蛋白質就能做出相同的口感，且不需要使用這麼多原料。

為了要製作我專屬的植物漢堡排，我先戴上一副藍色的橡膠手套，珍森在我面前放了一個盆子，並且教我怎麼把磅秤歸零，我用小小的塑膠碟子秤出需要的材料。珍森食譜的重點和其他非紅肉漢堡排的做法相同，那就是植物蛋白（textured vegetable protein，TVP）[2]，你可以把植物蛋白想成類似絞肉的概念。MycoTechnology 跟位在上海東方四小時車程處，安徽省滁州的一間食品製造商購買豌豆和米蛋白濃縮物[3]，而將豌豆蛋白和米蛋白混在一起的原因，則是為了達到較高的

PDCAAS 分數。

即便身為一個科技宅兼美食控，我在為本書蒐集資料之前，其實也從來沒聽過 PDCAAS 分數，但這卻演變成一場大戰，看誰做出來的食物分數能夠更接近[4]。PDCAAS 是大部分食科新創公司創辦人掛在嘴邊的口頭禪，不過現在又出現了一種新的標準，消化必需胺基酸分數（Digestible Indispensable Amino Acid，DIAAS），這個新架構著重在評估個別胺基酸的消化程度，而 PDCAAS 則是注重評估食物整體。這些都是非常有趣的資訊，但我打賭除了關注營養不良和飲食原則的健康組織外，唯一在乎這個的人，大概只有為了下次比賽努力訓練的奧運舉重選手吧。

我在秤剩下的材料時，珍森在一碗植物蛋白中加入熱水，並用橡膠刮刀輕輕把蛋白打散，現在蛋白看起來就像好吃的零食。整體來說，我的漢堡排中含有

2 植物蛋白是在一九六〇年代由艾徹—丹尼爾斯—密德蘭（Archer Daniels Midland，ADM）公司發明，該公司在一九九一年時把其名稱註冊為商標。根據業界人士的說法，該公司對使用其縮寫ADM的其他公司可說窮追猛打，我會在第三章深入討論植物蛋白。

3 註二：濃縮物由較低濃度的蛋白質製成，而非直接分離出來的高濃度蛋白質，這代表其加工程度較低，我會在下一章繼續討論這個部分。

4 目前PDCAAS分數為一的食物包括酪蛋白、乳清、大豆、雞蛋。

MycoTechnology 的豌豆和米蛋白混合物、重要的麩質（另一種蛋白質）、甲基纖維素（用於凝固的澱粉）、類牛肉、類雞肉（不是來自真的牛跟雞，而是來自萃取的酵母）、人工甘味劑、甜菜根粉（為了粉紅色澤）、漢堡香料、鹽、水、椰子油。我本來用湯匙攪拌，後來珍森叫我直接用手。

當我用緊握的拳頭壓碎這坨東西時，粉色的黏液噴得我的手指到處都是，「繼續壓，大力點！」珍森在我旁邊加油打氣，幾分鐘後，我在手掌中擠出一團形狀，手張開時可以看到指尖之間牽絲的纖維，珍森開心地說：「瞧瞧這個！」這一切如此簡單，我多少有點驚訝，又擠了十分鐘後，珍森請我把這坨東西弄成肉排的形狀，她再放到盤子上，並貼上寫有我名字的膠帶，就像放在公共冰箱裡的食物一樣。接著珍森把盤子冰進冰箱冷卻，最後她宣布：「我們明天再來烤吧！」

隔天中午，我和珍森在她的食品實驗室會合，「妳準備好烤漢堡排了嗎？」她咧開大大的笑容，我們會烤三塊漢堡排，一塊是我昨天做的，一塊是珍森事先準備好的高脂肪版本，還有一塊當地超市買的「超越漢堡排」。「沒錯，我準備好了！」我回答，她遞給我一件實驗袍，我身旁站著一名食品評分員，他會幫助我們用各種標準測量烤好的肉排，包括質地、口感、嚼勁、香氣、味道等。

三塊肉排都烤好後，我們在白色流理台邊集合，並檢視我們空白的評分表，在我們面前是三塊沒有經過任何調味的漢堡排，食品評分員教我怎麼在過程中保持公正，盡量不要交談或發表意見。在我們開始評分前，我拿了一個塑膠杯，準備吐掉我等下嚼過的碎肉，這樣才不會太飽，奉行純素主義的食科新創公司創辦人，在需要試吃動物產品以和自己的產品比較時，用的也是這招。咀嚼、品嚐，然後吐掉，就像品酒一樣，雖然有時候很難記住不要把食物吞下去。

接下來的半個小時中，我們有條不紊地嗅聞、咬下、咀嚼，把肉在嘴巴裡翻來覆去，思考，接著吐進杯子裡。雖然有些許差異，但這三塊漢堡排基本上是一樣的東西，質地非常相近，脂肪為我的味蕾帶來甘味，三塊都是完美的仿真紅肉，讓我不禁開始懷疑：人類對紅肉的執著，是不是只是對熟悉味道的執著，更重要的是，這是一種對往昔事物的回憶，漢堡排傳遞的是記憶，我們在七月四日美國國慶日烤肉時會吃漢堡排、禮拜天晚上在棒球場也會和家人一起吃，我們現在只缺能夠替代真正漢堡中的佐料及麵包的東西，只要咬一口你就能拿滿分。當然我有點簡化事實，「超越漢堡排」開發配方時投資了數千萬美金，還要向投資人確保這是百分之百的科技[5]，而不是食物，這讓超越漢堡排比真正的漢堡排更棒，同時還要向大眾確保，這個東西對健康有益，這是原型食物。但是，我和珍森卻用更少的原料、更少的加工、甚至更簡單的科技，就達成了這一切。

「世界上多的是抄來的創意，真正的創意很少。」杭恩在吃午餐時說道，我們在澳美客牛排館（Outback Steakhouse）吃飯，是他挑的餐廳，但我猜他喜歡的是裡面安靜的雅座。十多年前，杭恩認識他的創業夥伴，一名研究真菌的科學家時，才剛被診斷出第二型糖尿病，他認為科學研究可以為第二型糖尿病患者帶來幫助，透過吃素，杭恩的糖尿病已得到控制，「我的醫生告訴我，我是第一個遵照他建議，成功擺脫藥物的病人。」他表示。

杭恩看到他的創業夥伴成功用真菌讓咖啡變得比較不苦後，就一頭栽進了真菌

5 對大部分矽谷投資人來說，他們決定要投資某間公司時，都希望看到這些公司是以自身的科技為基礎發展，如果只是作作食物、在碗裡攪一攪什麼的，那有什麼價值？有什麼不一樣的地方？又要怎麼成為一筆可以發大財的生意？

這門生意，但他們最後決定不要把目標放在咖啡，因為咖啡背後的生產邏輯注定無法讓他們獲利，而無論他生產的加工原料是不是能夠做出更好吃的素食，杭恩的主要目標一直都是吃得健康，當然獲利也是必要的考量。MycoTechnology 六月時在D輪募資中，募得三千九百萬美金的資金，而杭恩也多次在談話中提到上市。

瀏覽澳美客的菜單時，我發現有道球芽甘藍開胃菜標示一千大卡，不難想像顧客點這道菜時，心裡想的是這很健康，即便把蔬菜在油裡炸過再加上培根，基本上跟健康一點都沾不上邊——杭恩和我，第二型糖尿病控制中跟第一型糖尿病患者——選擇的則是沙拉。我可能是用一套嚴格的標準在看世界，但是難道期待大公司保護那些不像我一樣嚴格的人，也有錯嗎？我非常感謝世界上有像杭恩這樣的人，願意投入時間跟金錢，為人類不健康的食物產品提供更健康的原料，但我更希望食物是來自我們已經了解的原料，經過數百年的人體實驗，而且安全無虞。我喜歡杭恩，但不太相信他經過高度加工的真菌粉末，畢竟這是出現在「天然風味」的黑盒子裡，而且其安全性有疑慮，作物本身是在美國種植沒錯，但加工是在中國完成，而且成品還不知道是在哪製造。

我參觀 MycoTechnology 時的其中一名導遊，是他們的技術長瑞克・貝克（Rick Becker），我們邊走過偌大的廠區，他邊拋出一大串他曾為巨食公司負責過的食品添加物：原料為玉米，比高果糖玉米糖漿還甜的結晶果糖、葡萄糖、各種澱粉、酒精飲料等。我想貝克以為我會很佩服他，但他提到的都不是什麼好東西，事實上，這些東西就是造成高度加工、不健康的美式飲食的罪魁禍首。每次我打斷貝克問問題時，他總是用很慢的速度答道：「我等下會講到那部分。」他有一頭白髮，散發出一股權威，無疑是來自他擔任食物系統藏鏡人的數十年歲月，不過我還是蠻喜歡他的啦。

貝克邊傻笑邊說：「我們的產品是種爆裂物，如果空氣中有很多粉末，又有適宜的條件，只要來點火花，你就會得到一場粉塵大爆炸，就和穀物一樣。」根據記錄，世界上第一場食物製造過程中發生的粉塵爆炸，是在一七五八年時義大利的一座麵粉廠。而我們這場談話的三年之前，有五個人在七場爆炸中喪命，得知這個資訊後，我把外套的扣子通通扣上，把安全帽繫緊，並把塑膠眼鏡調好，我看了夠多集《流言終結者》（*MythBusters*），知道正確的安全步驟，我們繼續這趟旅程。

MycoTechnology 培養的真菌株，大部分來自香菇，但杭恩告訴我在他們的真菌圖書館中，「擁有超過六十種不同的真菌」。經過多年的研究後，他們的科學家發現這些真菌生長的方式稍有不同，因此為了讓其順利生長，菌株會先保存在攝氏負八十度的冷凍庫。等到準備開始繁殖時，再移到室溫下，並和甘油及少許蛋白質混合物一起放在有蓋培養皿中，接著內容物會移到燒杯，放置在溫控的櫃子中進行攪拌。十一天後，現在看起來像漂浮波霸的菌絲，會再移到容量三千公升的發酵槽中，之後逐漸往更大的發酵槽移動，兩萬五千公升、九萬公升，直到菌絲盡可能「生」出足夠的蛋白質混合物[6]，再從管線送到噴霧乾燥機中，完成最後的程序。到了這個階段，成品中的菌絲含量大約只有百分之一，整個過程從頭到尾需要花費三個禮拜左右。

我在丹佛見識的事物，其實還是有點難以理解，不像某種我可以拿在手中的東西，而是漂浮在罐子中、藏在巨大的鋼槽裡、放在塑膠紙袋裡，我最後拿到的樣

6 最後的成品即為蛋白質混合物，其中僅含有微量辛勤工作的菌絲。

本，是 Kashi 公司的能量棒，這間公司現在屬於「家樂氏」（Kellogg）集團所有。如果你和我一樣愛讀食品標示，你可能會看過有幾行小字寫著：「豌豆和米蛋白混合物」，但你不會知道這項原料背後複雜的製造過程。更奇怪的是，MycoTechnology 這間以菌絲立基的公司，使用真菌僅僅是為了製造另一種植物原料，而不是直接將其引進人類的飲食中。

人類飲食經過的繁複加工過程讓人不安，而在替代蛋白質方面也不遑多讓，二〇二〇年，MycoTechnology 開始向JBS提供他們的蛋白質混合物，JBS是世界上最大的牛肉和豬肉加工廠商，每年的營收超過五百億美元，旗下擁有許多小型公司，包括位於科羅拉多州波德的「Planterra Foods」。Planterra Foods 的網站上並沒有標明他們和JBS的關係，而他們在二〇二〇年夏天開了一條全新的產線，負責製造植物漢堡排和一種叫作「Ozo」的「類牛絞肉」，其中的主要原料就是來自MycoTechnology，Planterra Foods 的發言人將其稱為「FVP，發酵植物蛋白」。

雖然JBS的本業是肉品，但他們也沒打算放棄從人造肉大賺一筆的商機，在一篇《食物領航》（*Food Navigator*）的訪談中，Planterra Foods 的執行長表示：

「素食顯然流行了好一段時間，而且還會持續下去。」那麼我們就來好好追蹤這種蛋白質，以了解這些公司到底賣了什麼給消費者。

蛋白質中的豌豆是在北美種植，含量較少的米則是來自印度和中國，兩種作物收成後經船運至中國，並在此製造成蛋白質。完成的蛋白質再用貨櫃運回，先經船運到美國，接著用火車運至科羅拉多州，並在 MycoTechnology 的巨型培養槽中繁殖。之後送至 Planterra Foods 做成「肉」、包裝、裝箱，並用冷凍卡車運至美國各地的經銷中心，最後最後，收到訂單之後，再送到你家附近超市的肉品區。對啦，這是食物沒錯，但對我來說，我以後可能只會在很烏的烤肉聚會，或是下次再去澳美客牛排館吃飯時再吃到它。

## 黴菌可以吃？

從蘑菇跳到菌絲或許還算可以接受，那你有沒有想過，從菌絲跳到……黴菌呢？大家都知道黴菌是什麼，我們會想到《韋氏字典》裡的定義，黴菌是「真菌在潮濕腐爛的生物或活物的表層上，產生的一種毛茸茸物質。」第二種定義比較沒用：「黴菌是一種產生黴菌的真菌。」不過加州柏克萊新創公司「Prime Roots」二十五歲的執行長金柏莉・黎（Kimberlie Le），可不同意這樣的用詞，她熱情地把這些「東西」稱為她的「超級蛋白」，這裡的「東西」指的是米麴菌，是一種真菌、菌絲，也是黴菌。即便你可能從來沒聽過米麴菌，你很可能也早就已經嚐過，亞洲文化把這種真菌做為釀造的原料，已經有好幾千年的歷史，像是醬油、醋、味噌、清酒等，都含有這種真菌。

我和黎約在加州奧克蘭傑克・倫敦廣場（Jack London Square）的藍瓶咖啡（Blue Bottle Coffee）見面，藍瓶咖啡也是Prime Roots的投資者之一，其他投資者還有沙拉品牌「Sweetgreen」，和以傳統食品聞名的公司，像是真的種在土裡的萵苣和南美的咖啡豆等，而不是常見的食品科技投資者如「巨食」、主要的原料製造商、創投基金等，不過話雖如此，雀巢其實是藍瓶咖啡最大的股東。這類投資者的信心，顯示他們認為黎和她的創業夥伴約書亞・尼克森（Joshua Nixon）製造的產品算是原型食物，而不是實驗室製造出來的仿造物。

黎和尼克森在加州大學柏克萊分校的實驗室中認識，過程有點老套：他們都很喜歡吃東西，聊了很多相關話題，最後決定展開製造食物的計畫。下一步則是在他們畢業後申請「IndieBio」的資金，這是位於舊金山的生科育成中心，尼克森最後取得生物工程及電腦科技學位，黎則取得一個分子毒物學學位、一個藝術學位，同時還輔修音樂和食品科技。一開始兩人想做的是魚，並以「Terramino Foods」的名稱成為 IndieBio 的一分子，完成育成中心的計畫，而且靠著他們的募資簡報募得四百三十萬美金的資金後，兩人轉而將重點放在米麴菌本身，而非把其製成其他產品，後者在食科新創產業中相當常見。就拿魚漿或是「Krab」來說吧，這是一種光滑的亮白色物質，單位都是用一船一船算的，原料是各種魚的碎屑，大部分來自鱈魚，經過去骨、清理、切碎，製成糊狀，並和其他原料混合，最後再加熱，塑形成看起來像蟹肉棒的東西。這並不是黎想做的事，但在某種程度上來說，這也正是她即將要做的事，不過她做的不是魚，而是肉。

黎身上散發出迷人的青春氣息和自信，她告訴我她十五歲時，在爸媽的食品公司組織了一支「團隊」，現在情況則顛倒過來，黎的媽媽，溫哥華的主廚以及越南名廚，現在擔任 Prime Roots 的料理顧問。

黎表示：「我們覺得仿造的牛肉已經完成得差不多了，因此我們把重心放在牛肉以外的食物上。」她很快從我一連串的問題中，得出我已經從其他地方聽過她的推銷說詞，並直接解答我的疑慮：「我們做的所有東西都是純天然的，沒有什麼好隱藏的。」「再多說一點。」我繼續詢問。她答道：「我們認為我們獨特的科技突破在於，我們創造了一種全新的蛋白質來源，不像『超越』（肉類）、『不可能』（食品），或其他公司，他們的產品全是來自蛋白質分離物的加工食品，或者只是分離出來的蛋白質而已。」相較之下，Prime Roots 種植的則是一種原型食物——米麴菌，並把這種真菌製成肉品，黎補充道：「而且這全在廚房裡就能完成，完全不需要用到押出機。」[7]

我第一次品嚐 Prime Roots 的米麴肉，是在黎跟尼克森參加奧克蘭查巴太空及科學中心（Chabot Space and Science Center）的酵母節時，當時綿延整個空間的桌子

7 押出機的功用是加熱及冷卻原料，並將原料塑形為成品，就像你最愛的早餐麥片，我在第三章會再詳細介紹這種機器。

上，擺有泡菜、米麴、康普茶。Prime Roots 把他們的「肉」包在生菜裡，看起來像豬絞肉，吃起來也很像，咀嚼的時候，我嚐到五香粉、薑、大蒜、胡椒粉的味道，我覺得大家都會喜歡包著這種肉的餃子，我又回頭吃了好幾片，最後決定應該要留一些給其他人。那天晚上，黎告訴我他們剛租下了南方公園區（South Park）的一個小店面，該區曾是舊金山網路公司的聚集地。幾個月後我再次詢問，得到店面尚未開張的消息，但也不是很意外，因為這場疫情可說是最不適合發表新食物的時機，不過儘管實體店面進展受阻，Prime Roots 仍然持續改善米麴菌「類培根」的口感，並且直接在他們的網站上賣給顧客。黎說他們預計在柏克萊興建佔地達一萬兩千平方英尺的商業化廚房，但是種植米麴菌是門發展相當緩慢的生意，而且即便我一再要求，她都不讓我參觀新的廚房，也不願分享更多細節。去年八月我再度詢問時，黎告訴我 Prime Roots 在剛結束的A輪募資中，募集了一千兩百萬美金的資金，這筆錢能夠幫助他們擴大產品規模，也代表我終於有可能拿到樣本了。

我問黎：「跟我說說你們的培根吧。」

「我們在做培根時，其實是先製作厚厚的五花肉，接著再煙燻，切片後就能得到測試用的樣本。」黎希望他們的培根可以是傳統培根的「恐怖谷」[8]，這表示兩者長的非常像，像到我們根本無法分辨哪個是真的培根。黎還補充：「我們也不需要其他公司用來改善食物質地的添加物。」也就是鹿角菜膠、洋菜、太白粉等用於勾芡的物質，「米麴菌本身就含有這類物質，因為這種真菌本來就臭臭怪怪的。」如果黎說的「臭臭怪怪」是指土味跟怪味，那我真的是被逗樂了。

我為撰寫本書所做的準備中，比較簡單的一項，就是吃遍市面上所有的素培根，包括家樂氏的「MorningStar Farms」、雀巢的「Sweet Earth」、楓葉食品（Maple Leaf Foods）的「Lightlife」、也在開發真菌食品的紐約新創公司「Atlast Foods」、以及舊金山灣區的新創公司「Hooray Foods」。這兩間新創公司的產品都不錯吃，不過仍然不是真正的培根，雖然它們有煙燻味還脆脆的，甚至可說非常好吃，但是還不夠油，我把肉放到平底鍋上煎時，一下子就熟了，如果你喜歡吃很脆的話其實還不錯，但如果你習慣煎久一點帶有油脂的培根，那就不太行了。這點出

8「恐怖谷」一詞最初用於形容機器人，後來也可用於形容某個原先很恐怖，但後來變得太像，以至根本無法分辨，繼而帶來正面感受的事物。

了一個很少新創公司能夠妥善處理的問題：油脂，大部分的素食公司用的是椰子油，這是百分之九十的飽和脂肪，醫生會建議我們不要攝取太多。健康作家蘇菲．伊根（Sophie Egan）告訴我，大家都覺得椰子油很健康，但其實不是，「任何在室溫下呈固態的油脂，都不是什麼好東西。」另外，使用椰子油也不太環保，因為椰子是來自那些為了維持先進國家的食物幻想，而遭到破壞的熱帶國家。不幸的是，椰子油在商業食物的配方中幾乎已成定局，因為這種油脂是最接近動物脂肪的植物油，雖然已經有一些公司試著從細胞中培養動物脂肪，像是「Modern Meadow」，但還沒有人願意接受訪問。

在我有機會試吃黎的培根前，我先從舊金山的「Whole Foods」超市自掏腰包花了七點九九塊美元，買了一包Prime Roots的調理包，我實在是等了有夠久才有機會吃到他們的產品，這使得我在排隊結帳時就開始研究食品的包裝，就像我拿著什麼獎品一樣。其他顧客知道我手上這包東西有多特別嗎？這包「純素米麴宮保雞丁飯」大部分都是飯，這表示裡面含有一大堆碳，不過灑在飯上的是用米麴菌做的「類雞肉」，我已經在過去一年中久仰大名，雞肉看起來幾可亂真，就像真的雞丁一樣，醬汁裡有花生跟紅蘿蔔。那週我煮了這包東西來吃，雞丁比我預期的還軟，不過仍然維持雞丁的形狀沒有散掉，只是沒有什麼雞肉的嚼勁，而且這種新食物的口感，也可能需要創造新的形容詞來形容。第一步：不要把不是雞肉的東西叫作雞肉。

幾個月後，我的培根終於來了，裝在正方形的盒子裡，如同黎當初所說，裡面放的是厚厚一塊切好的條狀培根，跟真的培根一樣。唯一不一樣的地方是品牌logo，色彩繽紛，而且很可愛，絕對不符合培根美學。但你還是很難不對培根抱有正面期待，我照著指示，隨便加幾湯匙的椰子油來煎，再次聲明：這不健康。Prime Roots的成分標示也和黎先前保證的相同，非常簡短，沒有任何添加物，但是到頭來，這片培根騙不了任何人，口味是還不錯，但是無論多脆或多有嚼勁，它本身還是沒什麼味道，吃起來就像經過煙燻的紙板，或是濕掉的厚紙板，我好像在嚼濕掉的紙吸管。

綜觀所有研發中的「未來」食物，真菌在改善人類食物系統這方面可說遙遙領先，真菌環保又健康，不僅能變成我們知道的動物蛋白質，包括雞肉、豬肉、牛肉，還能變成我們無從想像的各種未來肉。名廚丹・巴柏告訴我，他很喜歡真菌，「我對真菌非常感興趣，而且還想知道更多。」他這麼說，並補充道：「我不反對用真菌來做吃的。」真菌學者保羅・史塔梅茲（Paul Stamets）在他的著作《奔跑的菌絲》（*Mycelium Running*）中，則將菌絲稱為「真菌魔術師」，也就是能夠建造、培養、摧毀、分解有機物質的魔術師。但當我們把這些分解者移出森林的地面後，它們失去了什麼？它們是否徹底改頭換面了？在我們張開雙手擁抱真菌前，最好先釐清這些問題。

新冠肺炎疫情襲捲全球後，許多人都覺得真菌可能會有幫助，MycoTechnology因此努力在他們的孢子圖書館中挖寶，最初杭恩只是為了替他的員工製造一些營養品，「以準備好對抗新冠病毒」，「接著我們告訴顧客這件事，然後大家都想在食物裡加真菌了。」他表示。不久之後，四種用真菌製作的營養品，包括蟲草、猴頭菇、靈芝、白樺茸，就會和消費者見面，看起來，真菌最後仍是以其獨特的方式為人類帶來幫助，我麻煩杭恩在情況允許的時候，盡快寄一罐來給我試試。

第 3 章

# 豌豆蛋白

- 天然食品的迪士尼樂園
- 蛋白質分離物的歷史
- 從粉末誕生的肉品
- 世界發現豆荚之後
- 今日的「原料」之王

## 天然食品的迪士尼樂園

二〇一九年，為了瞭解現今素食市場的規模，我飛到加州橘郡（Orange County）參加美國最大的天然產品博覽會，美西天然產品博覽會（Natural Products Expo West），共有三千五百二十一間公司參加，參觀人次高達八萬五千五百四十人[1]。走道上擠滿了人，所有人都生氣勃勃，從頭到腳穿著運動休閒服裝，四處都在開放試吃，這時大約是新冠肺炎疫情爆發的整整一年前，我們在走道間肆無忌憚地吃吃喝喝，對世界後來翻天覆地的變化渾然不覺。

因為有個在優格公司工作的朋友事先警告我，所以我穿了輕便的運動鞋，背著一個後背包，至於如潮水般湧來的試吃，我則是以「漢堡排原則」應付：咬、嚐、嚼、吐。展覽佔據了非常大的空間，包括整座安那罕會議中心（Anaheim Convention

1 二〇二〇年，美西天然產品博覽會在原定舉辦日期的數天前，宣布因新冠肺炎疫情取消。

Center）、兩座旅館、以及其停車場，擠滿走道的小販推銷著各式各樣的創新食物，足以讓任何人的腰圍毀滅，對素食產品的熱情瀰漫全場，連我也受到感染，而且整個產業框架的重組，使它包含更少「純素主義狂熱分子」，更多「素食愛好者」，也相當野心勃勃。

素食者、不吃肉的人、反對屠宰者、這些稱呼在美國文化中都已行之有年，但是「純素主義」，跟「純素主義者」這兩個詞彙，則是從英國傳入美國。一九四四年，唐納・華森（Donald Watson）創立了純素協會（The Vegan Society），不過他對愛護動物的想法，其實在早年就開始萌芽，華森十四歲時便向父母表示他再也不會吃肉，這個信念後來漸漸演變成排除所有的乳製品。華森本身是個堅定的環保主義者，長大後成為一名木匠，為了和吃乳製品的素食者區別，他找來一小群死硬派素食者，試圖想出一個新的字來形容他們的生活方式，他們寫道：「要是某個比『不吃乳製品的素食者』更鏗鏘有力的字。」於是他們取了「vegetarian」的頭三個字母跟最後兩個字母，形成「vegan」，華森表示這是素食主義的「開始與終結」。

純素協會的宗旨為「終結人類對動物的利用，包括食物、商品、勞動、打獵、解剖，以及各種人類剝削動物的活動。」這個定義精準描繪了今日純素主義者的光譜，光譜的一端是為動物權益奮鬥的人，另一端則是追求健康及環保的素食愛好者，中間則是那些偶爾會吃點培根的人。而攀附這些人政治影響力的，則是緊緊跟隨這股潮流的「巨食」，為的全是獲取新的暴利和快樂的投資人。

## 蛋白質分離物的歷史

捨棄吃肉，改而吃素的飲食方式其實已醞釀許久，早在一九三〇年，實驗室就成功分離出植物蛋白，一開始是用於造紙等工業用途，九年後才輪到食品。一九四〇年，「Glidden Company」註冊了第二二三八一四〇七號專利「大豆分離蛋白」，可以當成起泡劑，或食品和甜食中的穩定劑，一九五〇年，一種由大豆蛋白分離物製造的非乳製抹茶奶油上市，一九五六年，「Worthington Foods」推出了世界上第一種「豆奶」，同樣由大豆蛋白製成。

大豆是在十九世紀初自中國進口，起初是當成飼料，在美國和歐洲還算是種稀奇的作物，但在二戰之後，大豆開始受到重視，進而為人類的飲食帶來革命性的變革。當時人們認為大豆是即將來臨的「蛋白質危機」及人口爆炸的解答，科學家和專家警告食物短缺就要發生，那時的報紙頭條也和現今的頭條弔詭地如出一轍，質問我們到了二〇五〇年，該怎麼餵飽地球上將近九十八億的人口。

化學肥料和殺蟲劑的廣泛使用，使農民的產量達到兩倍甚至三倍，大豆則是成本低廉的飼料，可以拿來餵牛，使得大規模畜牧業快速發展，以供應日益增加的中產階級需求。但是突然之間，我們就有了過量的糧食，想像中的食物短缺從未發生，一九七〇年代，美國農業部說服農民加倍投資，種植更多的玉米和大豆，並以此做為一種農業支持系統，因為這樣能讓農民獲得穩定收入，隨著政府的呼籲及全球市場的願景，農民一一就位。上述過程可能有些簡化，但基本上這就是人類邁向單一作物的過程：小麥、玉米、大豆，同時也是大豆如何成為素食界公認蛋白質來源的由來。

「Worthington Foods」便是素食產品中的霸主，大部分是堅果麵包及非肉類蛋白質，這間素食公司讓餐桌上擺滿各種你認得出來的食物，不過這些食物都有充滿未來感的名稱：Proast、Numete、Tastex、Beta Broth、Choplets，聽起來很好吃對吧？他們的行銷口號是「適合每個場合的美食」。二戰時美國的食品政策是上戰場打仗的男人才能吃紅肉，待在家的女人只要吃蛋白質替代物湊合湊合就行，戰爭在一九四五年結束後，中斷的肉品製造回復生產，美國人也都把手洗好，開始篳路藍縷苦幹實幹。在我和食物歷史學家娜迪亞・貝倫絲坦的多次訪談中，她都提到在近代歷史的大多數時間，「假肉」和其他「仿造食物」都是地位低下、不受歡迎，這些食物要不是和戰時的匱乏或極度貧窮有關，就是只會在一小群素食者或其他對食物有特定需求的消費者間銷售。戰爭結束美國人要的是大肆慶祝，而假的肉嚐起來可不是勝利的滋味。

Worthington Foods 尋找新原料的旅程，讓他們遇上羅伯特・波以耳（Robert Boyer），他是一名在福特集團的大豆研究中心工作的化學家，該中心位於密西根州的迪爾伯恩（Dearborn），福特當時有個遠大的夢想，就是用大豆製造塑膠汽車，波以耳在為福特汽車工作時，研發出一種技術，能夠將其他製程中殘留的蛋白質做成纖維。起初他的目標是要取代福特生產的汽車中的工業原料，包括塑膠、合成樹脂、潤滑劑，但他最後將眼光放得更遠，決定將纖維做成食物。

一九五〇年代末期，Worthington Foods 為波以耳的紡絲蛋白質纖維開了一條人造肉產線，當時另一家公司「Ralston Purina」已經有一間專門加工大豆的廠房，但到了一九五六年，波以耳仍成功說服公司投資一間食品級的大豆蛋白廠，這些蛋白質成分較高，吃起來比較少菜味的分離物，透過波以耳的技術製成纖維，「FriChik」是福特發布的第一款商品，這是一種調味好的類肉排[2]。而其他食品公司也躍躍欲試，試圖進軍新的素食市場，通用磨坊加緊了他們研發大豆食品的速度，並推出了一種叫作「Bontrae」的人造肉，貝倫絲坦覺得品名的意思是「好吃（bon）的一餐（entrée）」。

在開發紡絲蛋白的市場潛力上，通用磨坊可說投入了大量的資源，沒有其他公司可以匹敵，而且根據貝倫絲坦的說法，波以耳的技術是「其人造食品研究中不可或缺的一部分」，通用磨坊的「蛋白質分離研發計畫」（Isolate Protein Research & Development Program）在一九六〇年代聘僱了超過五十名食品科學家，試圖掀起下

2 你現在能在網路上買到 FriChik，亞馬遜上甚至還是四星評價，有名網友表示這種食物「吃起來有飽滿的肉汁」。

一波超市食品革命。

當時的其中一名食品科學家告訴我，雖然紡絲「類雞肉」很好吃，製造成本卻非常昂貴，而且過程還會產生大量廢水，所以雖然市場已經在轉移，同時公司也試著隱瞞其成分，因為大部分美國人都認為大豆是動物吃的飼料，但 Bontrae 最終還是失敗了，通用磨坊於是將設備賣給明尼蘇達州的食品製造商「Dawson Mills」，專利則是賣給伊利諾州的「Central Soya」。到了一九八〇年代，這兩間公司都放棄發展紡絲蛋白，現今已經沒什麼食品是以紡絲蛋白製成，話雖如此，波以耳仍可說是所有人造肉的祖父。

Worthington Foods 最後將發展重心放在一種更便宜的配方，也就是用大豆碎屑製造的植物蛋白上，並在一九七五年時推出了現在家喻戶曉的「MorningStar Farms」品牌，自此在全國的超市及雜貨店的貨架上，都能找到大豆製成的人造肉，Worthington Foods 因而可說是現今各家素食新創公司的始祖，他們也成了全美最大的素食公司，積極說服全國的消費者購買他們的蔬菜。目前 Worthington Foods 和二〇一九年成為美國最大素食品牌的 MorningStar Farms，則都屬於家樂氏集團所有。

雖然不可能食品和超越肉類搶走了現今的媒體聲量，家樂氏旗下的這兩個復古品牌，其實早已擁有各式各樣的品項，包括素食漢堡排、素香腸、素雞柳等。即便現在的「原型食物」素食市場，已迅速被「巨食」推出的各種產品塞滿，每家公司都宣稱自己的產品最健康、含有最多蛋白質、最好吃，但要是我們仔細檢視，就會發現這些公司的原料供應商和加工廠很可能都是同一家，使用的也是差不多的配方。

## 從粉末誕生的肉品

植物蛋白聽起來超難吃，不過雖然這是一種經過加工的工業級食品，其實還蠻健康的，植物蛋白是在一九六〇年代發明，目的是使類肉食品擁有和真正肉品相同的質地及外觀。製造植物蛋白的第一步，是把大豆加工取出蛋白質，再把其中的纖維和澱粉去除，這時候的蛋白會濕濕的，需要經過噴霧乾燥，接著送進高熱的押出機中，這是過去五十年來標準的食品加工流程。數百種加工食品的製造過程都會用到押出機，早期的押出機大部分都是用來處理通心粉跟麥片，但是到了一九八〇年代，押出機成了運作快速的高溫生物反應器，可以直接將生原料做成可以吃的食品，包括麵包丁和餅乾，當然還有嬰兒食品。[3]

植物蛋白看起來小小的，就像不規則狀的船長牌（Cap'n Crunch）麥片，只是沒有果乾，你可以把這種酥脆無味的球狀物質倒進碗裡直接吃掉，但是何必呢？除非你跟超越肉類的執行長暨創辦人伊森．布朗（Ethan Brown）一樣。以下百分之百是真實故事：布朗剛創辦超越肉類時，會從辦公室的樣品袋中抓幾把豌豆蛋白丟到碗裡，然後倒進植物奶，就這樣當成早餐，超好吃，他的犧牲奉獻沒得質疑！

早期的植物蛋白是由蛋白質分離物製成，因為比較高的蛋白質含量能夠帶來較佳的黏著力，沒有人希望他們的漢堡排散得整個都是。世界上第一個用植物蛋白做出擬真雞肉的人，是密蘇里大學（University of Missouri）的教授謝富弘，身形瘦長、嗓音溫和的他生於台灣，在美國接受教育，他告訴我他大多數時間都吃素，但偶爾會吃點肉。**吃培根嗎？**我心想。謝富弘是一名生科工程師暨食品科學家，整個

3 因為加工過程中產生的化學變化，某些食品製造商會等到押出完成後，才在產品中加入維他命成分，以彌補其中缺少的營養。

職業生涯都投入食品改良，雖然和農民的工作大相逕庭，但卻擁有同樣的願景，那就是餵飽世界，這可說是目前新創產業「讓世界變得更好」概念的前身。

謝富弘剛出社會時曾在桂格燕麥（Quaker Oats）工作過，擁有四項食品配方「改良」專利，包括運用甘油讓葡萄乾變軟，以及運用β—葡聚醣增加燕麥麩中的纖維等，一九七五年於明尼蘇達大學（University of Minnesota）取得食品科技博士學位後，謝富弘便前往密蘇里大學教書。在我們的電話訪談中，他回憶起早期的素食漢堡嘗試，麥當勞曾在一九九〇年代和二〇〇〇年初期推出素食漢堡，「味道糟透了」，其中一項原料就是初期的植物蛋白，「但就是不像肉，沒有肉的質地、外觀、口感。」謝富弘表示。穩定的大學教職讓他擁有多餘的時間和彈性，能夠繼續研發更好的版本，他告訴我：「如果我們能做出長得像真的肉的東西，消費者就會想要試試看。」

謝富弘花了超過十年才雕琢出他的「類雞肉」，背後不乏各方協助，包括一群研究生組成的團隊、他的同事哈洛德·赫夫（Harold Huff）、還有一台長得像曳引機的機器——「AVP Baker 牌50毫米同向雙螺桿押出機」，「我們很幸運有一台工業級押出機可以做實驗。」謝富弘表示。一開始他們試過好幾種蛋白質分離物，包括大豆、豌豆、乳清，接著又試了各式各樣的蛋白質，簡直到了瘋狂的程度，謝富弘笑說差點「連昆蟲蛋白都要用下去了」，我是還沒在漢堡排裡看過蟲啦，不過Paleo牌的能量棒已經有加了。

AVP Baker牌50毫米同向雙螺桿押出機是一台笨重的鋼鐵巨獸，形狀介於曳引機跟超大的影印機之間，把原料丟進押出機小小的開口後，就會被高壓的剪力以及螺桿製造的熱給煮熟，吐出來的成品通常會因壓力釋放及水分蒸發為水蒸氣而膨脹成一團。你可以在YouTube上找到低畫質的影片，會有人站在梯子上把原料丟進押出機頂端的開口，成品則從另一端噴出來，抖音上可能也有相關影片，沒有的話應該很快就會有了。

為了餵飽世界，食品加工取代了大自然，肉牛從出生到變成漢堡大概需要九個月的時間，相較之下，押出機只要花一分鐘左右，就能把植物變成雞肉。赫夫在密蘇里大學校友雜誌的訪談中提到：「押出機只要一個連續步驟，就能捏製、調理、冷卻、塑形（原料）。」二〇一一年，謝富弘和赫夫為他們的「類雞肉」製程註冊了專利。

伊森・布朗發現這項專利後，馬上想辦法買了下來，二〇一二年，超越肉類便在北加州的 Whole Foods 超市推出了他們的第一款產品「無雞雞柳」，按照合約的規定，布朗必須在密蘇里州的哥倫比亞興建一座製造廠，這座廠房今日也已成為超越肉類公司製造人造肉的基地之一。不過如同許多上市公司，超越肉類也有自己的障礙要克服，他們正在處理一樁和前製造商之間的訴訟，內容和帳目有關，此外還有一些各說各話的商業機密爭議，而且這間位在加州艾瑟貢多（El Segundo）的公司，日前也悄悄將他們的漢堡排移出了產品目錄。

二〇二〇年一月，麥當勞也開始在加拿大的二十四家分店中測試他們的「PLT」漢堡，這款漢堡用的正是超越肉類的漢堡排，但在四月時麥當勞便宣布測試終止，而且看起來沒有要繼續供應這項產品的意思，麥當勞公布這項決定的隔天，超越肉類的股票大跌了百分之七[4]。此外，在北美擁有超過四千八百間分店的

4 麥當勞在二〇二〇年十一月宣布，根據PLT漢堡的測試結果，他們隔年預計在全世界推出屬於自己的素食漢堡「McPlant」，伊森・布朗聽到之後超級不爽，宣稱是超越肉類和這個速食巨人一起發明了這款漢堡。布朗的說法其實頗有道理，因為麥當勞的前任執行長唐納・湯普森（Donald Thompson），現在就是超越肉類的董事會成員之一。

加拿大速食連鎖品牌「Tim Hortons」，也在二〇二〇年一月前全面下架他們的超越肉類產品，該公司發言人對路透社的說法是：「產品並不像我們想像中的受消費者歡迎。」最後，超越肉類的第一款產品，也就是使用謝富弘的專利製造的雞柳，也被全面下架，因為根據超越肉類自己的說法，這款雞柳並沒有和他們其他的類肉產品一樣「帶來相同的人造肉體驗」。補充個好消息，肯德基已經在南加州的幾間分店，針對超越肉類的「類炸雞」進行小規模測試，聽說還蠻好吃的。

我也和蘭德智庫（RAND Corporation）的資深科學家黛博拉．A．柯恩（Deborah A. Cohen）博士聊到了人類對肉永遠無法滿足的渴望，她在二〇一三年出版了《肥胖大危機：肥胖流行病背後的原因以及我們該如何終結肥胖》（*A Big Fat Crisis: The Hidden Forces Behind the Obesity Epidemic—and How We Can End It*）一書，柯恩表示：「人類飲食包含了許多迷思，人們覺得自己需要吃肉，這只是出於習慣，美國人的蛋白質已經過量，沒有人處在蛋白質營養不良的狀態。」她還提到非洲有許多地方都無法獲得必須的蛋白質，也就是那些我們在談論蛋白質獲取途徑跟需求時，都忽略的國家。在查核柯恩對美國的陳述是否正確時，我發現有百分之九十八的美國人，每天攝取的蛋白質都超過建議的量，但大家還是拚命攝取蛋白質。早在一九七一年，法蘭西絲．摩爾．拉普就在她的著作《小小星球的飲食方式》中提到：「大部分的美國人攝取的蛋白質，都比身體能利用的量還多一倍。」這是一個恆久不變的問題，沒有任何跡象顯示有可能改善。

柯恩繼續說道：「植物擁有更多營養，端看處理方式為何，你也有可能吃到營養價值全數喪失的水果、蔬菜、穀物。」乾燥豌豆酥便是一例，一份加工過的豌豆酥，比未經加工的豌豆還多出超過兩倍的卡路里、五倍的脂肪、一點五倍的碳水化合物，經過加工後，豌豆酥便失去了大部分的維他命和維生素，這些成分很難一一細數，但絕對有益健康。柯恩表示，為了健康的飲食著想，食物「必需保留其營養」，或者用簡單一點的方式來說，我們的食物仍然必須是真的食物。

在全麥麵包中也可以發現類似的現象，「全麥」指的是由全麥麵粉製成的產品，成分包含整粒穀物原有的麩皮、胚芽、胚乳三個部分，在正常情況下，做麵包是件非常簡單的事：先把小麥磨成麵粉，接著烤成麵包就好。然而，在工業化製造的全麥麵包中，就是你在大部分超市買到的那種，裡面的麩皮、胚芽、胚乳，都是廠商從其他食品製造商買來的加工原料，之後再混在一起烘烤。柯恩寫道：「這不是好幾種原料，而是化學物質，問題也不是出在加工過程，而是製造過程。」但不管我們稱這種過程為加工或製造，重要的是我們購買的許多「健康」食物，其實都並不健康，這些食物都是由工業化的食物製造系統生產，因而失去了某些天然營養成分。食品公司雖然宣稱他們的產品都很「健康」，但他們為的只是背後的利益，而非顧客的身體，他們沒有動機製造真正健康的食品。

## 世界發現豆莢之後

我第二次見到「Ripple Foods」的執行長亞當・勞瑞（Adam Lowry）時，有種似曾相識的感覺，我們在同樣的會議室、同樣的曼哈頓摩天大樓、同一間花俏的公關公司，而勞瑞也在發表另一項非乳製產品。我們第一次見面時，我試喝了 Ripple Foods 用豌豆做的植物奶，當時我腦海裡想像、後來也如實刊登出來的新聞標題有點好笑：「你準備好喝豌豆奶了嗎？」聽起來就像會出現在核災避難所購物清單上的東西，還會和廚房用的螺旋藻製造機一起促銷。至於我個人對植物奶的反應，雖然老套，卻非常真實——植物奶太讚啦！Ripple Foods 的植物奶二〇一六年在 Whole Foods 超市上市時，我二話不說買了一瓶，直到今天，我只要在乳品區看到他們的植物奶，就會買一瓶回家，蛋白質嚐起來超讚，我特別喜歡它奶油般的厚實口感。

豌豆有種身心合一的氛圍，我們提到「純粹」的嬰兒食品，或叫小孩「吃你的蔬菜時」，都會想到豌豆。不過這是新鮮綠豌豆的形象，而 Ripple Foods 使用的豌豆，則是你會拿來做豆泥或是煮湯的那種，農夫輪作的救星，這種豆子能夠固定空氣中的氮，耐旱，對人體也很好，吃下這些豆子我們真的**會**變得更健康，一份半杯的豌豆擁有將近九克的纖維，就是大部分美國人的飲食中缺乏的那項營養素。

雖然我很快就把 Ripple Foods 的豌豆奶加進我的美食清單，我試吃的第二項產品豌豆優格就有點怪了，我坐在紐約麥迪遜大道的高級辦公大樓，聽著對面的勞瑞推銷他的產品。為了研發這款豌豆優格，Ripple Foods 找來一整組食品調理團隊，這在業界是相當常見的做法，靠著團隊的幫助，他們開發了各種大眾喜愛的口味，藍莓、草莓、香草等等，我鼓起勇氣用一隻小巧的塑膠湯匙在每個樣本都挖了一口。

真正的考驗其實是什麼都沒加的優格，這是我超重視的一點，因為優格沒有加什麼糖，能吃出真正的味道。Ripple Foods 的優格閃著灰色光澤，有點稀，吃起來有股噁心的蔬菜味，少了水果掩蓋這股怪味，整體來說其實還蠻難吃的。在未來食物中加入豌豆，而不只是讓豌豆在我們的盤子裡滾來滾去，其實是個需要密集加工的大挑戰，上面說的怪味，主要來自豌豆皮中的混合物，也就是和豆子本身顏色相同的外皮，此外也來自酚酸，這種混合物和植物蛋白質分離物中的酸味、苦味、澀味有關。我跟勞瑞的會議結束後，我已經下定決心：Ripple Foods 的豌豆優格絕對不會出現在我的冰箱裡。

勞瑞除了對創業充滿熱情，也是個相當好勝的人，他的第一間公司「Method」，製造的是對人體無害的清潔用品，因為他們調整了配方，移除了有毒的化學物質，這樣我們就不用老是把清潔劑藏在流理台底下。勞瑞把這間公司發展成市值一億美元的公司，接著在二〇一三年將其賣給另一家比利時清潔用品公司「Ecover」。勞瑞和他現在的創業夥伴尼爾．瑞寧格（Neil Renninger），則是在演講場合中認識，就是那些創立成功的公司需要去參加的科技研討會和商業高峰會上，瑞寧格在舊金山灣區創立了「Amyris」製藥公司，後來也把公司賣了。

二〇一四年，勞瑞和瑞寧格一起腦筋急轉彎，開始思考哪種食物迫切需要改變時，乳製品是清單上的第一名，他們其實也考慮過其他選項，但大部分都不需要使用蛋白質，而蛋白質可是市場的新寵兒，所以非用不可。Ripple Foods 面對的挑戰很簡單：把已知的事物，也就是來自乳牛的牛奶，分解成數種重要的成分，包括維他命、礦物質、蛋白質等，這些成分可以重新包裝成一個對消費者更好的版本，不會破壞環境，也不會損害動物的權益。消費者的思維已經開始轉移，而包裝上的蛋白質標示，可以讓 Ripple Foods 鶴立雞群。二〇一八年，牛津大學的研究員亞莉山德拉·薩克斯頓（Alexandra Sexton）在一篇有關爭奪替代蛋白質話語權的文章〈建構食物的未來〉（Framing the Future of Food）中便寫道：「強調植物中存在蛋白質，使先前社會文化對動物蛋白質的想法開始改變，動物蛋白質已不再是唯一的蛋白質來源，也不是最棒的。」

有了瑞寧格負責研發，勞瑞負責行銷，Ripple Foods 努力試著在原料層面上創新，「這才是食品產業真正的特性。」瑞寧格二〇一六年時這麼告訴我。和人造肉廠商按照自身需求尋找植物的方式相同，Ripple Foods 在植物王國中尋找的是容易種植、含有大量蛋白質、能夠和乳清抗衡的植物，乳清是牛奶的兩種重要蛋白質來源之一。瑞寧格表示：「我相信全宇宙都會同意，專注在原料上會帶來非常重大的影響。」在今日的食品工業中，原料無疑是明日之星，如果原料擁有機能性功能，那麼也能加分。

決定專注在豆類後，Ripple Foods 的團隊嘗試了好幾種豆子，包括扁豆、大豆、菜豆、綠豆等，瑞寧格表示：「加工過程全都非常順利，不過某些豆子的效果比較好。」最後他們決定選擇豌豆，因為豌豆非常便宜，而且已經有人在供應黃豌豆了。

二〇一九年底，我再次和勞瑞見面，並提到我上次吃的優格，他開玩笑說那款優格大概只有一點五個人喜歡吧，「我們搞砸了那項產品。」他告訴我，問題出在優格吃起來沙沙的，他竟然這樣形容自家的豌豆蛋白混合物，「我們不太滿意，於是決定不要繼續了。」Ripple Foods 的總部位在加州柏克萊，這個地點先前是「Pyramid Brewing」釀酒廠，我們坐在餐廳風格的座位上，從桌邊的大型落地窗，能夠看見實驗室裡的情況，我注意到這天特別安靜，勞瑞隨後指出因為是禮拜五的關係。

Ripple Foods 覺得自己與眾不同，因為他們認為自己從豌豆中提煉出了最純粹的蛋白質，吃起來也最純淨，我剛好也有機會喝到 MycoTechnology 的豌豆奶，這是另一間宣稱自己發明了更美味的豌豆蛋白的公司，其實兩間公司的豌豆奶喝起來差不多，因為都還是很像豌豆。隨著素食產業出現越來越多新創公司，每間公司都積極尋求資金，因此迫切需要說服投資人的理由，這些理由不出兩大類，創辦人要不是告訴投資人他們擁有自身專屬的科技[5]，不然就是他們的產品最純淨、最純粹、最好吃，先是從投資人的手上搶奪資金，接著開始爭奪消費者的錢包。

你可能會覺得製造出吃起來沒什麼菜味、最純粹的蛋白質，一定價值連城吧，我曾經問過勞瑞好幾次，他有沒有計畫把 Ripple Foods 的蛋白質分離物賣給其他公司，他總是回答沒有。我認為他主要的理由，是因為他們的策略有點像英特爾

5 大部分的投資人都告訴我，他們投資的主要原則，就是看那間公司有沒有自己專屬的科技，而不是產品好不好吃。

（Intel），也就是讓產品上都出現自家公司的商標。如果想要的話，他們確實可以授權自己的科技給別人，但到目前為止，他們都沒有這麼做，不可能食品也沒有販售他們的血基質，這是讓品牌與眾不同的行銷手法，同時也能凝聚消費者的忠誠度。勞瑞告訴我，他還在努力嘗試降低自家豌豆奶的售價，這就表示他們也沒辦法降低生產蛋白質的成本，以供應其他食品製造商。

訪談結束之後，勞瑞帶我到員工餐廳，請我試吃新款優格，新款優格仍然擁有灰色色澤，豌豆蛋白似乎永遠無法擺脫這種顏色，不過已經變得更好吃了，雖然還是頗有改善空間。到了二〇二〇年，我還是沒有看到超市在販賣這種優格，勞瑞在電子郵件中表示，這是因為疫情的關係，使得通路無法採購新產品。Ripple Foods 也推出了冰淇淋，這看起來比較吸引人，至少對我來說，但我還是找不到哪裡有在賣。

如果我飲食中的蛋白質，全都來自蛋白質分離物，或是加工食品中的濃縮成分，那麼我會不會缺少某些重要的養分呢？為了釐清這個問題，我找上了麥克・葛雷格（Michael Greger）醫生，他的著作包括《食療聖經》（*How Not to Die*）和《飲食的真相》（*How Not to Diet*），這些書名聽起來可能很驚悚，但葛雷格醫生對於如何以不那麼可怕的方式來闡述這些主題自有一套。二〇一八年我在曼哈頓的「世界素食博覽會」（Plant-Based World Expo）聽過他演講，當時他在台上快速來回踱步，黑色西裝鬆垮垂在奉行純素主義的纖細身軀上，他腦袋後方的影像讓人震驚，而他對自身理念的身體力行，也讓人不得不信服。他告訴我：「吃東西這個行為就是個零和賽局，當我們吃下某個東西時，就失去了吃下其他東西的機會。」我整個被逗樂，接著問他蛋白質分離物到底健不健康，或是至少比肉類健康吧？

「從營養（的角度）來說根本沒有道理，就像脂肪分離物對人體不好，碳分離物對人體不好，加工過的蛋白質當然也對人體不好。這裡說的不好，代表食物在加工過程中已經喪失大量營養，你已經移除了所有的養分。」就像打果汁的過程會喪失纖維這類營養素一樣，此外，葛雷格醫生還指出了另一種和原型食物相比也會消失的物質，「還有那些尚未命名的植物營養素也不見了」，植物營養素是原型食物中含有的疾病預防物質。根據葛雷格醫生的網站「NutritionFacts.org」，大自然中的水果和蔬菜含有超過十萬種不同的營養成分，但你無法在經過新創食物公司加工後的植物中找到這些養分。葛雷格醫生告訴我：「豆類擁有所有你想從動物蛋白質得到的養分，但沒有那些不好的成分。」不好的成分指的是飽和脂肪、添加物和化學物質。

經過加工變成純蛋白質後，豆類就不再存在了，而且失去了其中大部分的營養，如果你吃的是真的豆子，你可以獲得包括類胡蘿蔔素、葉黃素、玉米黃素等植物營養素，這些物質對視力很好。但如果你吃的是漢堡排或膠囊中的豌豆蛋白，就如葛雷格醫生所說：「說到食物，原型食物大部分都會比分開攝取營養素更好。」話雖如此，身為一個推廣素食的醫生，葛雷格還是很樂意看到大眾嘗試這類產品，他認為這是開始吃素的第一步，即便是**喝一杯**用豌豆蛋白分離物作成的豆奶都好。

## 今日的「原料」之王

如果不是善變的美式飲食，以及我們對大豆起伏不定的偏好，豌豆根本就無法出頭，大豆的優點包括便宜、量大、好種，而且和豌豆一樣也能固定土壤裡的氮，氮這種化學物質可說是天然的肥料，有利於輪作，大豆餵飽我們的動物，動物則餵飽我們。對人類來說，大豆則含有九種人體必需的重要胺基酸，人體本身會製造胺基酸沒錯，但不是這類支持身體運作的必需胺基酸，而且我們也不能儲存多餘的胺基酸，這代表我們每天都必需從食物中攝取這種營養素。正因如此，超級市場架上的每種素食產品，幾乎都是由大豆製造。

在人類應該從動物蛋白質或植物攝取營養的論戰中，胺基酸是一個重點，史丹佛疾病預防中心（Stanford Prevention Research Center）的營養科學家克里斯多夫．蓋德納（Christopher Gardner）是這個領域的權威之一，他的興趣所在使他負責進行數項由美國國家衛生研究院（National Institutes of Health，NIH）出資的研究，近年他的研究則是側重於他所謂的「隱藏營養」（stealth nutrition），也就是公衛專家為了促進人類健康，能夠運用的非健康相關策略，其中一項便是取消供應大學餐廳中無所不在的餐盤，這讓學生不會吃太多食物。我是在美國烹飪學院（Culinary Institute of America）的一場研討會上認識蓋德納，這所學校位在紐約州的海德公園（Hyde Park），他非常好親近，擁有一股放鬆的加州氣息，穿著勃肯鞋，塗著指甲油的腳趾從前面凸出來。我們聊了他的研究，二〇一九年，在一篇他是共同作者的蛋白質相關研究中，蓋德納提到，一天之中只要正常飲食，攝取不同類型的常見食物，就能獲得足夠的胺基酸，包括人體必需的胺基酸及其他胺基酸，而且不管有沒有吃肉都可以達成。談到純素的飲食方式時，蓋德納則向我保證，在大部分的層面上，這都比吃肉還好，他表示：「肉類缺乏纖維，而植物通常都不含有飽和脂肪，所以其實吃素比吃肉更好。」

人們越來越理解自身的需求，而且許多人也選擇深入探討日常必需的營養來源，這些養分能幫助我們達成目標，包括增加肌肉、減少脂肪、提升免疫力。為了因應這樣的需求，現今的食品製造商快速推出各類產品，以滿足世界上各種特殊飲食方式，隨著我們的飲食方式越走越歪，食品公司也開始為「Whole30」三十天全食療法、生酮飲食、原始人飲食（paleo）、低 FODMAP 飲食、穴居人飲食（caveman）、血型飲食、OMAD 斷食等飲食方式量身打造產品，想要來點調味過的益生菌嗎？這就來。想要按照自身的微生物狀態來調整飲食方式嗎？沒問題。趕快把你的大便拿去檢驗，接著就可以依照你馬桶裡發現的東西來調整飲食囉！

回到大豆，這項因為便宜量產而廣泛使用的作物，仍有其缺點，大豆含有的某些蛋白質，使其成為八種主要的食物過敏原之一，同時，我們吃的大部分大豆都是用基改種子種植。基改作物長期遭特定人士視為致癌物質，但有許多臨床實驗都已經駁斥這個論點，甚至還指出攝取大豆製品，像是豆腐等，其實有益健康。然而，由於種種加工過程、人體消化、社會文化之間的差異，要對大豆提出公允的評價，是件複雜到難以想像的事，因此現今的食品產業已經開始捨棄大豆，試圖尋找更棒、更新、更性感的蛋白質來源。豌豆是現在的鎂光燈焦點，部分是因為豌豆通常不會引起過敏[6]，同時也不是基改作物，話雖如此，還是有一堆競爭者等著做掉豌豆，包括綠豆、蠶豆、芥菜籽。

我在這裡所說的豌豆，並不是指整棵植物，而是從豆子裡萃取出來的蛋白質，在食品標示上可能會這麼寫：「含豌豆蛋白分離物、濃縮物、粉末、蛋白質」。蛋白質的名稱和其純度有關，必需含有超過百分之九十的蛋白質才能稱為分離物，如

6 不過豌豆仍然屬於豆子大家庭，大豆、綠豆、蠶豆也都是，芥菜籽不是，這表示這些豆子都和花生很類似。除此之外，其實也沒什麼研究在探討豌豆和過敏的關係。

果只有百分之七十，就只能稱為濃縮物，「豌豆蛋白質分離物」不是個我們會脫口而出的詞彙，而且也不該是，製造蛋白質分離物需要非常密集的加工過程。

豌豆成熟之後經過採收，接著烘乾船運至製造廠，並在此分解成蛋白質、纖維、澱粉，這個過程無論潮濕或乾燥都能進行，稱為「分離」，許多製造廠都位在中國，但是大部分作物都來自北美，中國人會留下可以做成麵條的澱粉，並把蛋白質運回美國。把豌豆分解成三種成分，讓這項原料變得更有價值，此外，和整棵植物相比，粉末狀的豌豆蛋白也更容易製成其他食品。缺點則是來回運輸豌豆的過程，將會增加碳足跡，同時也創造了一條會受關稅及疫情爆發影響的全球供應鏈，MycoTechnology 的執行長艾倫．杭恩就告訴我，雖然有關稅，但從中國購買原料還是比在美國買便宜。新冠肺炎疫情爆發後，這條供應鏈延遲了幾個星期，但杭恩對他的中國夥伴仍是讚不絕口：「他們對我們非常好，他們寄來了一箱一箱的口罩。」

在 Ripple Foods 這邊，整個生產過程則是留在美國本土，一切從北美種植的豌豆開始，把乾燥的豌豆製成粉末，接著泡水變成溶液，萃取蛋白質的方式結合了溫度、鹽分、酸鹼度，香氣、色素、碳水化合物遭到去除後，再從溶液中取出蛋白質。Ripple Foods使用離心機來萃取蛋白質，這是一種擁有旋轉軸心的機器，能夠把液體從固體中分離，蛋白質濃縮物和脂肪、纖維、澱粉分開後，剩下的濕黏糊狀物質就能做成豌豆奶，瑞寧格表示：「整個過程大概需要花費兩個小時。」

Ripple Foods兩小時分離過程的對照組則是乳牛，一隻乳牛在二十四小時內能夠擠出六到七加侖的牛奶，但牛奶可不會在沒有人為干預的情況下自己擠出來，乳牛必需懷孕才能擠奶，為了達成這個目的，乳牛每年都會被強迫人工受精，以獲得源源不絕的牛奶。人類的工業化牛奶供應體系中，這種殘忍行為之所以會一直持續，是因為牛奶工業的擁護者花了幾十年的時間，讓牛奶成為人類的主食之一，不然人類天生該喝的應該是富含脂肪和碳水化合物，卻沒什麼蛋白質的母奶才對。

牛奶其實也算是加工奶類，乳牛的飼料、放牧的地點、過冬的方式、環境乾不乾淨，這些因素都會影響最終產品。牛奶擠出來之後，會先經過冷藏，再以高熱殺菌，加工過程發生在農場和乳製品公司中，就像在實驗室裡一樣。我們的問題在於，攝取牛奶、杏仁奶、燕麥奶，或是豌豆蛋白分離物，究竟會不會比較健康？

用植物製作食品已經行之有年，不然三明治的麵包要從哪來呢？但在經過數十年的單一作物制之後，今日的食品製造商終於把眼光放到現代主食以外的作物，並開始在逐漸茁壯的資料庫中搜索新原料，那就是植物宇宙。目前全世界已發現的植物約有三十九萬一千種，其中可以食用的介於七千種到三萬種之間，用實際的數據來說，根據農業學家的說法，人類大約吃過三千種植物，其中只有不到兩百種成為主食。

位於舊金山的「Eat Just」公司致力於提升我們對各式植物的了解，甚至詳細到分子層面，不過對某些人來說，他們遭遇的法律問題（把自家的素食美奶滋取名叫「Just Mayo」，可能會誤導消費者，讓他們以為這真的是用雞蛋做的美奶滋），以及誠信問題（自己買自己的美乃滋以增加銷量），可能比他們擁有的植物知識更有名就是了。

Eat Just 宣稱他們為了尋找新的蛋白質來源，分析了數千種來自超過七十個國家的植物樣本，在你想像一間可以走進去隨意瀏覽的農業圖書館以前，請記得，不管這間公司發現的是什麼，都是他們受到法律保障的智慧財產權，他們至今已擁有超過五十項專利，其中一些也已經售出。這些智慧財產幫助 Eat Just 募得了超過兩億兩千萬美金，他們的市值也在投資人的注資下突破十億美金，食品製造商的前途無可限量，如果你能成為第一個把某種新奇原料商業化的人，華爾街的成功便是囊中之物，這就是大自然的商品化。

為了製造能在室溫下長時間存放的美乃滋，Eat Just 的科學家嘗試了超過一千種配方，以找出起泡度、凝固度、保濕度最高的蛋白質，不過即便做了這麼多測試，他們最後選擇的植物仍是常見的芥菜籽。Eat Just 推出的下一項商品，則是用綠豆分離物做成的蛋液，綠豆和豌豆一樣屬於豆類，他們花了四年時間調整配方才推出這項商品，現在已經在美國獲得消費者接受，並準備在亞洲拓展市場，包括香港、南韓、中國等地。

美國政府也在積極擴展人類對植物的理解，美國農業部資助了多項計畫，稱為乾燥豆類作物健康計畫（Pulse Crop Health Initiative，PCHI），這是一項長期計畫，目的是增加我們對乾燥豆類的知識，範圍涵蓋大部分豆類。在美國農業部的農業研究局（Agricultural Research Service，ARS）服務的植物遺傳學家蕾貝卡．麥基

（Rebecca McGee），就從ＰＣＨＩ獲得了一筆研究經費，麥基擁有一種我稱為「植物遺傳學家幽默」的特質，非常嗆辣，不過只有在提到植物時才會出現。她表示：「我總是跟大家說，身為植物遺傳學家最主要的任務，就是播種，如果有其他遺傳學家說他們的任務不一樣，那他們就是在說謊啦。」

根據麥基的說法，豌豆平均擁有百分之二十二的蛋白質，但是「蛋白質含量會根據基因不同而有巨大差異」，她現在的研究計畫，就是要找出影響豌豆蛋白質含量的基因，這項由ＰＣＨＩ資助的計畫稱為「MP3」，趣味的名稱來自麥基的研究目標，也就是「更多豌豆、更多蛋白質、更多利潤」的英文縮寫。

麥基表示：「我們翻遍了全世界，只為尋找黃豌豆。」她預計「將會檢視五百種黃豌豆」，最近也開始和世界各地的科學家團隊合作，試圖定序豌豆的基因體，「豌豆的基因體非常龐大」，鹼基對數量為四十五億，為人類鹼基對數量三十二億的一點四倍，不過豌豆基因體「充滿垃圾」，因為有很多高度重覆的序列。

雖然我們是在電話上交談，但我還是必須問：為什麼吃豆子會讓人一直打嗝？麥基說是因為豆類含有低分子量的碳水化合物，「呃……這是什麼意思？」我又問，低分子量很明顯就是很少的意思，「我們科學家就是喜歡把事情搞得很複雜啦。」麥基笑道。我很想知道更多，但又不想把我們談話的最後幾分鐘花在這種問題上，所以只好之後再到教科書《食物：知識及原理》（*Foods: Facts and Principals*）中，搜尋乾燥豆類的資訊。

吃豆子後之所以會有脹氣和打嗝的感覺，是因為豆類含有寡醣，這種醣類屬於植物蜜糖的一種，「因為會造成脹氣而惡名昭彰」，由於人體缺乏消化寡醣的酵素 α－半乳糖苷酶，這種醣類因而能夠躲過消化系統。而且人體無法吸收寡醣，只能由腸道末端的微生物消化，愛吃豆子的人因此會排出大量的二氧化碳和氫氣，以及少量的甲烷。

葛雷格醫生曾告訴我：「豆類是纖維和礦物質的最佳來源，而且唯一能找到大量纖維的地方，就是未經加工的食物。」此外，豆類對土壤也非常好，二〇一六年一項有關豆類對輪作影響的歐洲研究顯示，作物多樣化能夠降低百分之二十至三十的一氧化二氮排放量，以及百分之二十五至四十的肥料使用。更重要的是，該研究還顯示「正面的環保效果不代表總收入會下降」，種植多樣化的作物，可能是人類為了減緩氣候變遷，能夠做的最大努力，不管是豌豆、綠豆、鷹嘴豆、或其他各種我們還沒試過的有的沒的豆類，都能幫助土壤回復，並改善我們的飲食。這不是什麼募資好幾千萬的科技新創公司，光是靠著這項農業措施，或許就表示我們不必被迫在健康和環保間選擇。

另一間對大豆和豌豆市場摩拳擦掌的新創公司則是「Climax Foods」，這間位於加州柏克萊的公司是由天體物理學家奧立佛・詹恩（Oliver Zahn）創立，他曾在SpaceX 和 Google 工作。Climax Foods 僅靠著詹恩的履歷和他對投資人的承諾，表示他會使用非正規的解決方法，來改善他口中的「次等加工食品」，就在「爆滿的種子募資」中，募得了七百五十萬美金。我和詹恩在疫情期間通過電話，彼此都安全待在家中，他向我保證，將植物製成肉類食品的方法有無限多種，除非你有預測模型或是數據分析演算法，不然根本不可能處理。他宣稱：「這種方式對環境比較好，而且也會造就更安全的食品。」鑒於新冠肺炎疫情對野生動物到人類等各種生物的影響，實在很難反駁他的說法，連素食產品的保存期限都比其他食品還要長了，這表示可以減少前往市場的次數，對消費者、生產者、弱勢族群來說都會帶來好處。

二〇一九年，我在美西天然產品博覽會的走道間穿梭時，發現食品口味的種類遠比原料還豐富，原料除了霹靂果外都了無新意。因而新創公司的困境在於，他們一開始使用的可能是比較少見的原料沒錯，但在試圖擴大規模，以因應市場需求時，原料最後都會開始短缺，到了這個階段，便宜和取得便利成了唯一考量。這就是為什麼 MycoTechnology 要為了豌豆跑到中國，也是 Ripple Foods 選擇豌豆製作牛奶的原因，但豌豆並不是完美的，特別是不能拿來做優格！

當我們看到食品包裝上對豌豆蛋白的吹捧時，總會有種錯覺，誤以為自己知道這是什麼東西，我們想像的是一大片翠綠茂盛的豌豆田，但這只是我們在讀食品標示時，腦海產生的錯覺。工業化食品，或說加工食品，都和任何我們在自家廚房可以做出來的料理相距甚遠，而且我們最後買到的產品，經過各種加工及處理的次數根本就無法想像，因而我們對食物的粗淺理解，和我們真正吃下肚的東西，完全是兩回事。葛雷格醫生就表示：「如果我們真的想要獲得營養，就應該把飲食重心放在原型食物上。豆類的攝取，包括大豆、豌豆、鷹嘴豆、扁豆等，對世界上的老年人口來說，已成了最重要的飲食生存指標，每天的攝取量只要增加一盎司，就能降低百分之八的死亡率。」我想已經不用在這裡繼續對吃什麼最好碎碎念了，最重要的還是均衡，以及我們對食物的知識。

第 4 章

# 牛奶和雞蛋

- 不需要牛的牛奶
- 發酵的歷史
- 不需要雞的蛋
- 無法取代的蛋
- 從頭開始製造乳清及酪蛋白
- 讓消費者秒接受的方法：冰淇淋

## 不需要牛的牛奶

我通常都會盡可能避開紐約市四十二街，但我要前往的旅館就不偏不倚坐落在時代廣場上，離開地鐵站後，我馬上衝向通往旅館大廳寧靜祥和的旋轉門，並搭電梯到二樓。然後我發現自己身處小小的接待區，裝在銀壺中的咖啡、一盤盤切好的水果、碗裝的優格和麥片，在場的大部分都是白人男性，像碰碰車一樣橫衝直撞，我急著尋找熟悉的臉孔。

這就是在紐約舉辦的第一屆「未來食物科技展」（Future Food Tech），當時這個展覽還沒有發展成現在的規模，成為推廣素食和基改食品的重要場合，二〇一九年時，展覽的參與人數達數千人之多，但在二〇一六年只有區區兩百人。

研討會的主題大都和科技有關，在接下來的兩天內，我竭盡所能吸取各種知識，就像一塊海綿，其中一間我很有興趣的公司叫作「Muufri」，原因包括這個好笑的名稱以及公司的願景。食品科技產業一窩蜂專注在複製肉類時，Muufri 的目標則是牛奶，公司創辦人萊恩．潘德亞（Ryan Pandya）和帕魯瑪．甘地（Perumal Gandhi）都是純素主義者，他們告訴我他們念茲在茲的食物只有一種，那就是起司。

你只要隨便在家附近超市的乳製品走道晃一晃，就很有可能會發現各式各樣的素食起司，如果你家附近有「Wegmans」就更好了。根據「Good Food Institute」和「素食食品協會」（Plant Based Foods Association）二〇二〇年的報告，Wegmans 這間東岸的連鎖超市，販賣的素食品項數量是所有連鎖超市之冠。整體來說，販賣素食起司沒有任何問題，這些植物做的起司醬通常品質都不錯，起司片也都會正常融化——大多數時候啦。到目前為止，我覺得質地跟口感最好的一種是奶油起司，不過素食起司還沒有出現像康門貝爾（Camembert）或布利（Brie）起司一樣鬆軟的水洗式起司，也沒有像北美銷售冠軍莫札瑞拉起司一樣，能在烤箱裡完美融化的硬起司。

未來食物科技展裡的純素主義者很好認，他們通常穿著鬆垮的牛仔褲和隨興的服裝，而且比其他人都還年輕，甘地就背著那種 SwissGear 的背包。我們先前還沒見過面，所以我走上前和他自我介紹，閒聊了一下，直到潘德亞指著甘地的背包說：「我們有樣本，別說出去哦。」我聽了瞪大眼睛：「好哦，那我可以試吃嗎？」他們兩人看看四周，然後示意我跟他們走，我們於是走過一條長長的走道，遠離主展場。

潘德亞把包包打開，拿出一個玻璃瓶，裡面裝著乳黃色的液體，在他肩上偷看的甘地解釋道，他們帶的樣本不夠和所有人分享，玻璃瓶只有半滿而已。他倒了一點到塑膠杯中，我不想一口氣喝光，只好慢慢啜飲，我的第一個反應是覺得很淡，可能有點太水，接著又覺得太甜了。我啜了第二口，不太確定這到底像不像我從小喝到大的全脂或脫脂牛奶，脫脂牛奶又淡又水，我從來不喜歡。我的表情一定是洩漏了我的想法，兩人見狀說道：「我們還在改進。」並把瓶子收回包包，我們又回到展場。

在我們初次碰面的兩年前，二〇一四年，潘德亞和甘地只帶著最原始的概念，用微生物發酵製作乳蛋白質，就申請了愛爾蘭科克（Cork）的合成生物育成中心計畫，他們成功獲得三萬美元的資金、研究空間和相關指導，來讓他們的想法化為現實。潘德亞的媽媽聽到這個消息時，告訴他把錢給陌生人要非常小心，等她搞清楚是陌生人給她兒子錢之後，便樂得大笑。

當年的育成中心後來更名成「IndieBio」，並成為舊金山灣區知名的社群，目的是促進合成生物學上的突破。在接下來的三年間，我和潘德亞與甘地保持聯絡，每次他們募到更多錢，都會寫電子郵件給我，或許是希望我幫他們寫個專訪吧。他們大學畢業後的興趣逐漸變得越來越正式，到了二〇一六年，他們終於卸下最後一絲玩興，也就是奇怪的公司名稱，將本意為「沒哞」（moo-free）的 Muufri 改名成「Perfect Day」，這個名稱是間接受一項科學研究啟發，科學家在該研究中試圖追蹤聽音樂的乳牛會不會變快樂。根據兩名創辦人的說法，美國搖滾歌手路．瑞德（Lou Reed）所寫的歌曲〈完美的一天〉（Perfect Day），根本就是乳牛界金曲。

## 發酵的歷史

我在本書介紹的許多未來食物之所以存在，都是因為世界上有像我這樣的人，也或許是因為科學家成功分離出了人體的胰島素，供像我這樣的第一型糖尿病患者購買。

一八八九年，一對德國科學家發現了胰島素，他們對狗進行了一系列奇怪的實驗，許多人認為這些實驗不符倫理，因為他們把狗狗的胰臟摘除，讓牠們出現類似糖尿病的症狀，當他們把胰液注回狗體內時，情況明顯出現改善。科學家得到的理論便是，胰臟深處某組特定的細胞群中，擁有可以救命的蛋白質，這組細胞群最後便稱為朗格翰斯島（islets of Langerhans），以發現的德國科學家保羅・朗格翰斯（Paul Langerhans）命名，而不是把狗狗胰臟摘除的科學家。由於胰島素是在朗格翰斯島中發現，科學家便決定使用拉丁文的「insula」，意為「島嶼」，來指稱含有這種救命仙丹的「島狀細胞」。另外，我在青少年時期常把朗格翰斯念成「朗格宏斯」，就像這個器官是來自德州一樣。

一九二二年，加拿大醫師弗雷德里克・班廷（Frederick Banting）成為第一個在人體上使用胰島素的人，效果顯著，隔年禮來公司（Eli Lilly and Company）便開始量產胰島素，雖然不是從狗身上取得，不過仍是來自死掉的動物，這次是豬和乳牛，這對人類有幫助沒錯，但常常供不應求，而且療效也因人而異。一九八三年，我被診斷出第一型糖尿病時才十二歲，在我成功為一顆橘子注射，證明我有能力使用針筒後，護士給了我一瓶胰島素回家使用。這一小瓶胰島素叫作「優泌林」（Humulin），瓶身角落用草寫字體印著一個我日後將會非常熟悉的名字：禮來，「胰島素」幾個字下方則寫著：來自基因重組。

優泌林於一九八二年經美國食品藥物管理局批准，離我診斷出糖尿病不到一年，是美國第一種取得許可的基因重組藥物。這項由「Genentech」公司研發，授權給禮來的科技，讓科學家能將人類胰島素蛋白的基因編碼，插入一般細菌之中，例如此處便是插入大腸桿菌，使其變成暫時的宿主，因此在適合的條件之下，特定細菌便能生產類似的人類胰島素。此外，宿主的大腸桿菌和胰島素蛋白還能在之後的純化過程中分離，使得人造胰島素的純度，比真正從人類胰臟中取得的還高。

在食品產業中，這種基因改造的過程簡稱為「發酵」，例子隨處可見。凝乳酶是一種製作起司的原料，用於凝結牛奶，在傳統起司，也就是那些在歐洲製作的超臭起司中，起司達人使用的凝乳酶，是來自小牛胃黏膜的一種酵素。但是就像從豬和乳牛身上取得胰島素一樣，從小牛身上取得凝乳酶，並不是最理想的方式，而且成本也越來越高，此外，隨著素食者逐漸成為越來越大的消費族群，他們也會想要購買素食起司。

因此食品工業開始尋找在實驗室製造凝乳酶的方法，他們找到了胰島素當作完美的參照，以便用類似方法製造其他人體需要、或說想要的蛋白質。我們**想要的**和我們**需要的**，在食品科技中是個極度重要的議題，我們需要基本的營養成分，包括蛋白質、胺基酸、葡萄糖等等，但我們想要的，卻常常包在沙沙作響的塑膠袋裡，而且還充滿空洞的卡路里，對我們的身體一點幫助都沒有。

位在紐約的輝瑞，以前就曾投入使用基因重組科技，製造凝乳酶技術的研究，一九九〇年，在經過二十八個月的評估後，美國食品藥物管理局終於認可這個稱為「rennin」的基改酵素，對大眾不會造成危害，可以在乳製品中使用。這個劃時代的決定為其他食物開啟了大門，像是可以比較快採收的番茄、不會變黃的蘋果，一直延續到今天，食科新創公司積極發明各種產品，乳蛋白質，來自蛋白的蛋白質，當然還有不可能食品的漢堡。

## 不需要雞的蛋

如同乳蛋白質，雞蛋本身的蛋白質也正在漸漸遭到取代，二〇一四年十二月，阿圖羅・伊利桑多（Arturo Elizondo）參加了他的第一場食物研討會，這場為期半天的活動，在加州聖萊安德羅（San Leandro）屬於凱薩醫療集團（Kaiser Permanente）的加菲創新中心（Garfield Innovation Center）舉行。雖然聖萊安德羅就離矽谷不遠，卻沒什麼科技雷達掃到這個地方，活動本身規模很小，只有五十或六十人參加，本來是當時還叫「Hampton Creek」的「Just」公司創辦人喬許・泰崔克（Josh Tetrick）邀請伊利桑多來參加。但活動開始前幾天，泰崔克本人卻因急事無法出席，就在那個禮拜，聯合利華（Unilever）控告Hampton Creek，因為他們在「Just Mayo」產品使用「mayo」一字。[1]伊利桑多在會場中找地方坐，大部分來賓都是來

---

1 聯合利華主張美乃滋的成分一定要有雞蛋，而Just Mayo使用「mayo」便是在欺騙消費者，因為裡面根本沒有雞蛋。但最後聯合利華不僅輸掉官司，還因為他們強勢的政策遭到大眾猛烈抨擊。

自政府機構、非營利組織和當地產業，伊利桑多回憶道：「我在唯一有年輕人的那桌找到一個座位，當時食品科技還不是什麼當紅明星。」

當時和伊利桑多一起坐在「小孩桌」的還有「New Harvest」的執行長伊莎・達塔（Isha Datar），這是一間推廣細胞農業的研究機構、Perfect Day 的創辦人潘德亞和甘地、農場食品宅配服務「Good Eggs」的共同創辦人羅伯・史皮羅（Rob Spiro）。伊利桑多表示：「我們聊了食物中的科技，運用基因改造的實際情況，我還告訴他們為什麼大家沒辦法從小農市集買到所有的食物，因為『非常不切實際又昂貴，根本只有住在舊金山的人才買得起』。」對身為純素主義者的伊利桑多來說，工業化農業可說是終極的「食品產業資源消耗狂」。

伊莎・達塔在「合生」界算是個名人，許多人都認為她在二〇一〇年撰寫的〈論實驗室肉類生產系統的可能性〉（Possibilities for an In Vitro Meat Production System）一文，是在實驗室中製造肉類的轉捩點。伊利桑多之所以知道達塔，是因為他在一篇政策文章中引用了她的著作，這篇文章探討的是中國為什麼應該要投資人造肉。雖然達塔本身吃肉，她仍全心全意推廣細胞農業，以創造一個更棒的食物系統，二〇一三年，達塔成為 New Harvest 的執行長，並從二〇一六年開始在麻州劍橋舉辦年會，許多公司都是在 New Harvest 的年會中誕生，當然也因為達塔介紹的人脈。我問達塔會不會認為自己是個媒人，她回答：「有可能，我覺得我天生就很會連結別人。」達塔除了名列 Clara Foods 和 Perfect Day 的共同創辦人之外，也負責其他幾間即將成立的新創公司。

那場研討會坐在達塔旁邊的則是細胞生物學家大衛．安切爾（David Anchel），他和達塔分享了當時聽起來超怪的想法，他想不靠雞就做出雞蛋，談話結束之後，大夥一起坐車去吃晚餐。幾個禮拜後，伊利桑多、安切爾、達塔三人就創立了「Clara Foods」，目標是運用合成生物學，製造出和蛋白中一模一樣的蛋白質。對這群二十幾歲的年輕人來說，身為極佳純淨機能性蛋白質來源的雞蛋，就是他們最想開發的原料，此外，當時也還沒人開始打雞蛋的主意。

莎拉．瑪索妮（Sarah Masoni）告訴我，雞蛋是一種單一原料，不像番茄醬含有多種成分，而且還會加到一堆烤肉醬裡，雞蛋不需要任何幫手，不用任何額外成分便能凝固。馬索妮是波特蘭奧勒岡州大（Oregon State University）食物創新中心

（Food Innovation Center）的產品及製程主任，她在美國協助推出的產品數量同領域無人能及，堪稱大規模製造民生食品的專家，而且這些食品依舊美味。我們在紐約相識，當時我們都為一年一度的「好食展」（Fancy Food Show）擔任評審，瑪索妮說道：「如果你試圖取代蛋白，食物吃起來就會很空洞，是可以做出來沒錯，但它永遠不可能和用雞蛋做的一樣。」蛋白是一種不可能被取代的蛋白質來源，脂肪含量少，蛋白質含量高，而且還沒有膽固醇。

二〇一五年，Clara Foods 心懷這個想法，弄了一份投影片去申請「IndieBio」的資金，他們還一度把自己稱為「New Harvest Egg Project」，成功獲得資金之後，他們一頭栽進這個亙古謎題，試圖用科學方法解答究竟是「先有雞還是先有蛋」？伊利桑多打趣道：「比起養一隻雞等她生蛋，只為了得到蛋白，為什麼不要直接省去這個麻煩的過程，直接取得蛋白就好了？」

和大部分的新創公司創辦人不同，伊利桑多的專業是在政策方面，他拿的是哈佛的政治學位，曾在美國農業部短暫工作過一段時間，還在美國最高法院大法官索妮雅・索托瑪優爾（Sonia Sotomayor）身邊實習，她本身是第一型糖尿病患者。不像大部分的矽谷公司創辦人，來自德州的伊利桑多其實有點害羞，但是靠著流利的投資話術，他總能滔滔不絕解釋為什麼應該要在實驗室中製造蛋白，而不是在農場裡：「實驗室裡的蛋白不會有沙門氏菌，不會讓人過敏，同時還有比較低的碳足跡，非常環保，（製造過程）符合倫理，而且因為現在蛋白超貴，所以實驗室裡的蛋白價值非常高。」

## 無法取代的蛋

伊利桑多是對的，美國雞蛋工業的產值是八十億美元，各州因為新冠肺炎宣布封城時，雞蛋的需求激增，價格也隨之水漲船高，疫情爆發初期，雞蛋的批發價漲了三倍，到了四月，美國雞蛋工業的產值已突破九十一億美金。根據二〇一九年的數據，美國的人均雞蛋攝取量是二八九點五，也就是每人每年二十四打雞蛋，全世界每年則是要吃掉超過一兆顆雞蛋，如果目前的趨勢繼續發展下去，這個數字在接下來二十年間預計還會成長百分之五十。

雞蛋雖然很便宜，卻是廚房中的奇蹟，能夠用於起泡、攪拌、凝固等，而且即便容錯率很高，用雞蛋烘焙仍是一門紮紮實實的科學，你只要搞錯一樣東西，就會毀掉整道料理。此外，就算價格變成兩倍，食品廠商還是一定會用到雞蛋，雞蛋是無可取代的。

但真的是這樣嗎？

製造雞蛋蛋白質的過程，以及 Perfect Day 在製造的乳製品蛋白質，其實和製造胰島素很像，簡單來說，只要將基因編碼插入經過基因改造、擁有適當營養成分和生長環境的「宿主」中，就能製造目標蛋白質，當然這是非常簡化的說法，不可能食品就是用類似的方法製造漢堡中的血基質。現在任何「壞」來源，像是雞跟乳牛都能在實驗室中被取代，而且有許多人認為，和工業化農業相比，這些合成物質對環境更好。

不過稍等一下，我們真的了解吃下這些新食物會發生的所有後果嗎？當然沒有。是不是有個暫停鍵，在按下去之後，就能評估這個新方向到底好不好？我們是不是在說，為了造福世界，應該拋棄大自然這個從時間之始發展至今的精巧生態系統？是不是真的必須要在自然和人造間擇一？在我們接受另一種工業化食物之前，我們最好先對答案有點信心。

雞蛋含有八十種蛋白質，Clara Foods 在實驗室中努力研究營養成分最高的幾種，瞄準能夠利用在食品製造上的機能，包括水分、黏稠度、結構等，下一步他們必須找到正確的酵母，來建造他們的蛋白質工廠。Clara Foods 的副技術長拉傑・帕奈克（Ranjan Patnaik）帶我走過整個流程，他在二〇一九年加入，先前曾在杜邦（Dupont）公司服務過數十年。他們用大部分是糖和水的營養素「餵飽」酵母後，就能從細菌中分離出蛋白質，這就是最後的產品，不過還有幾個步驟要完成。酵母，或說微生物會沉到底部，乾淨的液體則會浮到上方，接著各式各樣的過濾器會篩出蛋白質，濃縮物質經過噴霧烘乾，成為粉末狀，並以這樣的形態船運至食品製造商處。帕奈克當然還省略了非常多步驟，但反正他也不太直接回答問題。

想想：如果通用磨坊可以調整他們賣最好的貝氏堡（Pillsbury）磅蛋糕配方，目前最簡單的食譜做一條蛋糕要用半打蛋，而這種美味、充滿水分、口感綿密的蛋糕還沒有素食版。我們對雞的依賴非常巨大，包括蛋白質和雞蛋，而這種人造雞蛋蛋白質能夠發揮巨大影響力的地方，還包括協助救災團隊，或是沒有冰箱的地方等。

我第一次訪問 Clara Foods 原班人馬的四年後，又和伊利桑多在舊金山市區的未來食物科技展上碰面，安切爾已在二〇一七年離開公司，這天是二〇一九年三月二十二號，我們約在一間供投資人和新創企業創辦人使用的房間見面，但我兩者都不是，我偷偷帶著我的午餐找了一張桌子坐下，我吃的是一大盤「土生土長」的綠色蔬菜，還有同樣是在古老陽光下採收的烤蔬菜。伊利桑多坐在我對面，從公事包拿出一個小瓶子，這瓶不太顯眼的澄澈液體，便是他們經過四年努力的成果。

「這瓶液體等同二十克的蛋白質。」他邊說邊把這瓶無價之寶交給我：液體雞蛋蛋白質，而且還不用母雞，液體的名稱叫作「CP280」，「吃起來如何？」我問。

「什麼都不像，你可以加在沙拉裡，也可以加在茶、咖啡或汽水裡。」他沒有讓我試吃，不過啜飲一瓶蛋白其實也不怎麼能引起我的食慾，所以我很樂意相信他說的話。我也沒有想把透明蛋白質倒進我的咖啡，但是自從防彈咖啡，也就是那種裡面加了一劑ＭＣＴ油的咖啡發明以來[2]，類似透明蛋白質的東西就已經變成主流了。

伊利桑多信心滿滿宣稱他的團隊終於做到了：「我們正在努力，準備要推出世界上可溶性最高的蛋白質。」在伊利桑多創立公司的短短五年後，他就擁有超過四十名員工，還和「Ingredion」成了合作夥伴，這是一間市值數十億美金的原料製造商，Clara Foods 可說蒸蒸日上，他們需要的最後一步，就是量產我手上拿的這一小罐東西。

又過了一年，雖然疫情導致封城，伊利桑多仍是幹勁十足，他告訴我：「我們有了過去五年半中，最好的六個月時間。」「巨食」正在找方法和年輕客群保持聯繫，更不用說「他們也需要像我們這樣的公司來達成永續發展」，伊利桑多跟我分享了一長串他們接下來會宣布的事項，包括把公司更名為「Minus Foods」，我跟他說這招蠻聰明的，而且很難不聯想到以下的宣傳標語，包括「減掉雞的蛋」、「減掉膽固醇的美味」，還有許多新創食科公司創辦人的夢想：「我們可以開發減蛋滿福堡。」

2 MCT油又稱中鏈三酸甘油酯，是一種特殊形態的脂肪，和人體一般攝取的LCT，也就是長鏈三酸甘油酯不同，某些研究證實和LCT相比，血液能夠更快吸收MCT，脂肪組織沉澱也較少。

## 從頭開始製造乳清及酪蛋白

對新創食科公司來說，產品定價要壓到和超市中販售的日常商品相同是必備事項，這就寫在他們的願景之中，無需多言，不過通過法律審核同樣也是必備事項。由於 Perfect Day 創造的東西如此獨一無二，不是製程，而是產品本身，兩名創辦人在創業初期便開始和政府機關接觸。潘德亞告訴我：「立法時美國食品藥物管理局甚至不知道這種情況有可能發生。」他說的情況是法律讓他們很難在品名上使用「牛奶」兩字，此外要獲得法律許可的途徑也很模糊。

潘德亞表示：「這是那種在大公司中很難出現的想法。」原因有很多，包括存在穩固的工業化農業系統、對應的冷鏈，也就是能夠低溫配送牛奶的貨車、食品工業資助有力的遊說團體、付錢給研究機構，宣稱牛奶對兒童成長來說是必需品、大量的廣告等。記得「Got Milk？」廣告嗎？還有那些收了錢、表示牛奶是兒童成長必需品的研究？雖然在市場上有數不清的非乳製品，但美國的學校唯一能夠供應給學生的植物蛋白只有大豆一種，因為這是在營養上最接近牛奶的東西，擁有人體無法製造的所有九種重要胺基酸。潘德亞認為，這種「缺乏用其他食物取代牛奶重要地位的想像力」是個盲點，食品法律立法時，美國食品藥物管理局很顯然沒有預料到這樣的未來，「巨食」則是一定會試圖摧毀、投資、或收買這種未來，潘達亞希望他的公司能夠非常敏捷，讓美國食品藥物管理局和「巨食」跟不上他們的腳步。

食品工業的缺乏想像力，就是讓我們落入今日景況的原因，根據 Mintel 市調公司的統計，美國的植物奶銷售量在二〇一二年至二〇一七年間，上升了百分之六十一，而根據 Good Food Institute 的資料，二〇一九年時，非乳製奶類產業的產值也已高達十九億美金。乳製品公司則是正在集結他們的力量，想辦法聲請破產，在推特上怒嗆記者，其中也包括我本人。另一方面，為了和乳牛競爭，Perfect Day 的創辦人已經募集到大量資金，截至二〇二〇年七月為止，他們已經募集到超過三億六千一百萬美金，並擁有將近一百名員工。我上一次見到潘德亞和甘地時，是到他們的辦公室拜訪，這是一幢位於加州愛莫利維爾（Emeryville）的兩層樓藝術裝飾風格建築，在時代廣場的旅館試吃他們樣本的回憶感覺恍如隔世，而不是在短短三年之前。聊完募資新聞和原料開發進展後，他們終於說出勁爆的消息，他們已經有原型產品了，「妳想吃吃看這個嗎？」，「這個」指的是冰淇淋，我心想：我幾乎吃遍用各種原料做成的冰淇淋，就算他們從地板上刮酵母菌起來作，我也會吃，於是我不假思索回答：「當然。」

我們從時髦的玻璃會議桌起身，走進一間巨大的廚房，隱藏式喇叭播著爵士樂，一名身穿大廚白衣的高挑男子站在閃閃發亮的卡拉拉（Carrara）大理石流理台前，整個配置看起來更像高級廚藝學校，而不是生技新創產業。潘德亞遞來兩個鬱金香形的玻璃罐，裡面裝著實驗室製作的蛋白質，一罐裝的是乳清，另一罐是酪蛋白，大廚則開始遞給我一碗碗冰淇淋，共有三種口味：桑葚太妃糖、牛奶巧克力、香草牛奶糖。

我忽略冰淇淋實際的口味，專注在口感、質地、外觀上，還邊吃邊讀食品標示，非動物乳清蛋白是水、糖、椰子油、葵花油、荷蘭式可可粉後的第六項原料。他們的冰淇淋口感有點不一樣，比較像冷凍的優格而不是全脂冰淇淋，創辦人告訴我配方裡加入的少量乳清，讓我嚐到的所有東西變得更棒，包括口感、質地、脂肪乳化等，吃起來很讚，但是動物乳清真的需要替代品嗎？我微笑告訴他們：「不錯，很好吃。」

我們喜愛的許多食物都是由乳蛋白質構成，包括起司、優格、冰淇淋等，雖然市面上有不少其他美味的植物替代選項，特別是用椰子油製作的，卻都不能完美取代牛奶，杏仁奶太水了，燕麥奶太甜了，豌豆奶太菜了。Perfect Day 花了將近五年尋找正確的微生物，以便用來製造基因改造乳蛋白質，微生物其實就是酵母菌，不過兩名創辦人都不太喜歡這個稱呼，他們終於找到之後，幫這種微生物取了個綽號「奶油杯」（Buttercup）。

Perfect Day 的酵母菌經過編碼後，就會放到發酵槽中，到了這個階段，所有條件都必須到位，才能加速蛋白質的產出。為了深入了解製造過程，我訪問了 Perfect Day 的技術長提姆．蓋斯林傑（Tim Geistlinger），他告訴我：「蛋白質是由碳、氮、氧構成，因此我們（在發酵過程）查看的基本事項包括溫度、氧含量、攪拌率，我們會考慮氧氣、轉換率、以及我們餵酵母菌糖分跟氮的速度。」

他邊解釋我邊點頭，這和我在本書提到的其他許多食物製造過程很像，重要的原料——通常是蛋白質——是從大自然取得，並在實驗室中複製。我們的食物系統進一步工業化是件好事嗎？比起追求生物多樣性，農夫將會繼續種植小麥、玉米、大豆，以便供給我們全新的素食起司。

Clara Foods 和 Perfect Day 一開始跑人造肉趴時，其實花很多時間彼此交流，而不是找其他人，但從某個時刻開始，界線就出現了。伊利桑多說他覺得這是因為 Perfect Day 在做的事沒有「和肉一樣當紅」。這點他可能是對的，因為已經有十幾間公司搶著當人造肉龍頭，但在雞蛋跟乳製品這邊，仍是只有少少幾間公司還在嘗試製造我們的早餐主食。

蓋斯林傑之前也曾在食品產業工作，先前他在超越肉類協助伊森・布朗開發現在超搶手的素食漢堡，而在超越肉類之前，他則是在尼爾・瑞寧格的 Amyris 製藥公司，可說有一張多采多姿的食品科技履歷。從前科學家的職業生涯選擇比較單純，要不是在學界，就是在藥廠，現在則是出現了第三種可能——食品科技，讓科學家有機會發大財，同時「造福世界」，這是蓋斯林傑的說法啦。

雖然製作一「磅秤」的食物其實並不是那麼簡單，這是一個用來描述實驗室製造的小規模產品的單位，但要製造一小瓶能夠放在包包的樣本，鐵定比製造能裝滿二十萬公升儲存槽、食品級油罐車、或一船貨櫃的量，還要簡單非常多。在和美國食品藥物管理局的法律角力結束後，還有一個問題需要處理，就是找到便宜的糖來源，這在生產所有這類替代蛋白質時最重要的一點。在我為本書採訪的過程中，我總會詢問受訪者糖怎麼來，以及來源是否重要，像是廚餘、玉米、甜菜等，還有糖本身，或說糖來源的品質，是否會影響製造出來的蛋白質。受訪者的回答則是糖的來源根本沒差，因為細菌在製造蛋白質的過程中會把糖「用盡」。一個我之前採訪的紐約大學化學家總愛跟我說：「垃圾進，垃圾出。」我很想相信這些創辦人，但因為我的人生是以糖這種碳水化合物為中心轉動，所以我總是會帶著一絲恐懼檢視他們的說法。

Perfect Day 成功在實驗室中製造出少量樣本後，下一步則是簡化過程以便量產。用比喻來說，就像你試著要煮一道你畢生見過最複雜的料理，可能是從西班牙名廚費蘭・阿德里亞（Ferran Adrià）的食譜《鬥牛犬》（*El Bulli*）挑的，這本食譜是以他知名的分子料理餐廳命名，但你為一頓四人晚餐做了這道菜後，下次要準備給一百個人吃，再來是一千人、一萬人、十萬人、一百萬人。而要達成Perfect Day的目標，終結人類對工業化農業的依賴，一百萬人才只是開始而已，這對創辦人希望在世界各地興建工廠，為數十億人製造乳清和酪蛋白。

為了要商業化生產非動物性乳製蛋白，Perfect Day 採取類似 Clara Foods 及 Ingredion 合作的方式，和艾徹－丹尼爾斯－密德蘭公司（ADM）簽約，這是一間跨國食品製造商，每年營收超過六百四十億美金。和「巨食」建立合作讓 Perfect Day 能夠大規模生產乳製品原料，對ADM來說，則是獲得了亟需的創新，同時也讓 Perfect Day 的命運和一間跨國公司緊緊相連，這間公司砸大錢幫助食品工業掩蓋食安和營養議題，包括推廣糖分、為糖分辯護、人工甘味劑、食品添加物、殺蟲劑等。

二〇一八年，Perfect Day 獲得了他們的第一項專利，專利第九九二四七二八號，「含有重組β—乳球蛋白（beta-lactoglobulin）或重組α—乳**蛋白**素（alpha-lactalbumin）、或兩者皆含的食物配方」，很顯然就是指乳清和酪蛋白。

二〇一九年六月，Perfect Day 向美國食品藥物管理局申請「GRAS」，也就是

「公認安全」（generally recognized as safe），根據美國食品藥物管理局的網站，「任何刻意加入食品中的物質，都稱為食品添加物，必須通過美國食品藥物管理局的上市前檢驗及認證，**除非該物質經專家認定，在其運用的狀態下，一般來說皆不會產生危險性。**」（粗體為作者所加）這段話的意思是：只有特定原料才需經過檢驗，任何常見的原料，像是葵花油或荷蘭式可可粉，都會自動獲得進入我們食物系統的許可。一間公司要申請「GRAS」，就必須將自己的研究成果提交給公正第三方審查，問題出在「經專家認定」這句話，這裡的專家指的科學家，通常都收了申請公司的錢。這就是不可能食品申請使用血基質的法律途徑，血基質是不可能漢堡中不可或缺的原料，這項原料正屬於「GRAS」。

因為凝乳酶和胰島素都是以類似的過程獲得許可，而牛奶幾百年來又都是人類的主食，這些非動物性乳蛋白質，也能從法律的眼皮底下悄悄進入我們的食物系統，根本不會有人察覺，反正就是蛋白質嘛，這樣簡單的思考邏輯其實大錯特錯。而且不幸的是，「GRAS」已淪為今日許多食科公司的法律捷徑，這不代表我覺得他們在做會對人類健康帶來風險，或是故意要害人的事，但我還是希望能夠有更詳細的檢驗，包括由和最後產品利益無關的獨立食品科學家進行的學術研究。說是這樣說啦，但現在沒有任何食科公司在做這樣的研究。

大眾要接受從威利旺卡式的機器噴出的牛奶，而不是來自乳牛的牛奶，可能還需要一段時間，根據《素食時光》（*Vegetarian Times*）雜誌二〇一七年的調查，美國的素食人口約有七百三十萬人，其中一百萬人為純素主義者，而美國的總人口數則是三億兩千七百萬，表示只有大概百分之三的人吃素而已。此外，即便大部分的資料都指出，工業化農業對環境會帶來非常大的危害，得來的結果卻是我們正在進入工業化生產的另一個版本，只是這個版本沒有動物。在這個新版本中，我們依舊需要工廠、能量、水、農作物，新的解決方法看起來很安全，但是後果要到數十年後才會揭曉。

奧勒岡州的食物創新專家瑪索妮表示：「食品製造商對這些科學怪人般的新原料也有點懷疑。」只要雞蛋工業保持穩定，就不會有夠大的力量造成改變，同時如瑪索妮所說，改變食品原料是件非常重大的事，「我不知道這要實施並被大眾接受，需要多久的時間，或許二十年吧？」等我們真的開始實施，產品規模也大到每間超市都買得到，到時「每個人都會開始思考，下一個出現的會是什麼」。

## 讓消費者秒接受的方法：冰淇淋

「非動物性乳清蛋白」對食品標示來說可能有點太長，但 Perfect Day 的潘德亞認為，這對消費者來說是最透明的標示，「只寫植物性更讓人混淆。」不過即便裡面不含牛奶成分，Perfect Day 的冰淇淋仍需要標註過敏警語，因為蛋白質的成分幾乎和牛奶一樣，唯一的差別在於 Perfect Day 的乳清不含牛奶中的乳糖。由於近幾年有數個研究指出，超過一半的消費者認為在購物時，食品標示是最重要的資訊來源，使我不禁開始思考，「非動物性乳清蛋白」是否會讓某些人心中的警鈴大作？

於是我在臉書上的純素主義者社團貼了一張 Perfect Day 冰淇淋的照片，這是一個擁有超過九千名成員的私人社團，結果大部分的成員都非常困惑，並對這個想法充滿疑慮，有個人寫道：「這含有乳蛋白質。」我回他：「沒錯，但不是從乳牛來的。」結果這說法完全沒用。

另一個女人寫道：「他們必須在標示上解釋『含有乳蛋白質』不是在說牛奶，不然我可能還是會放回架上。」

再一則評論：「真有趣，我是純素主義者，我不確定我會不會買耶，我可能會想再研究一下。我覺得這可以賣給吃素的人，還有想換換口味的一般人，然後標示應該讓拿起來看的人理解這是一種新科技，以及這種科技之所以與眾不同的原因。」

最後一則：「因為沒有牽涉到乳牛，我在倫理上和純素主義上都可以接受，但在健康標準上不行，我希望有天我們可以有實驗室生產的乳製品，不含膽固醇或飽和脂肪。雖然這裡面沒有膽固醇，但含有很多飽和脂肪，因為第三項原料（在水和糖之後）是椰子油。」

這些評論都是來自一個參與度超高的社群，彼此分享共同價值，也就是堅定的純素主義，這顯示出消費者漸漸開始在乎這類產品的銷售是否包含公開透明的正確資訊。然而，較邊緣的群體（抱歉啦純素主義者）對食科新創公司的創辦人來說沒有太大意義，他們在乎的是主流消費者接受與否。

當我決定寫這本書時，我想深入了解的其中一個領域，就是這類高科技發酵蛋白質的加工過程，包括一開始經過基因改造的宿主酵母菌、蛋白質本身、以及沒有製造商願意承認，經過工業溶劑純化前的各種雜質。最後產出的原料是否可能其實含有細胞以外的物質？美國食品藥物管理局最後有沒有可能放寬限制，比如考量到原料其實是二十四小時不停在中國製造？執法機關會在原料加進產品之前檢查嗎，例如嬰兒食品？

現在比較年輕的消費者，已經知道以乳牛為主的供應鏈背後盤根錯節，包括食安問題、健康問題、環境汙染等，但這些是我們理解的魔鬼，對吧？如果在未來的超市走道間，我們的選項將包括牛奶、非動物性牛奶、植物性非乳製品奶類，那麼我們該如何選擇？如果植物性產品就已經夠棒了，為什麼要選高科技版的牛奶呢？

我自己不是專業科學家，所以我帶著疑問去找食品科學家凱薩·維加·莫拉里斯（Cesar Vega Morales），他是愛爾蘭科克大學（University College Cork）的博士，我問他消費者需要什麼樣的教育，才能理解含有乳蛋白質的冰淇淋，原料其實不是來自乳牛，他回答：「以我個人來說，我覺得這根本不重要啦，分子就是分子，我們幹嘛要談分子？反正就是不含乳製品啊，有時候我們就是太在意這些化學術語了，消費者根本不需要理解這些。」

現在的人可能會想知道未來食物背後引人入勝的故事，但很少人會想繼續追查，可是我不一樣，我想知道在分子層面上我吃的食物到底含有什麼東西，一份原型食物作的餐點和一份經過加工的餐點，就算含有相同份量的碳水化合物、蛋白質、脂肪、纖維，還是會需要不同劑量的胰島素。

後來我問 Clara Foods 的伊利桑多，他是否認為食品原料公司，應該對今日所知更多的消費者，更加開誠布公呢？他向我保證他們「不可能忽視消費者」而且他「堅決相信未來的企業對企業（B2B）公司，不可能跟以前的這類公司一樣。」

Perfect Day 和 Clara Foods 的產品都還沒到達量產階段，但他們現在都有「巨食」在背後撐腰，所以大規模量產是遲早的事。我訪問 Perfect Day 的主要投資人，ADM創投部門的副總維多莉亞・德・菈・胡爾加（Victoria De La Huerga）時，她告訴我要達到「巨食」所需的產量其實頗為困難，她表示「擴大規模的重點，總是在於你要如何盡可能降低成本，這需要大量的策略協助。」

這兩間公司到達量產階段後，我們就得看看他們的公開透明，是否會因為道德利益與獲利的需求而消失。食品科學家莫拉里斯的看法更酸：「消費者根本不會看標示啦，如果他們真的有看，就會發現這些經過各種加工的原料，如果他們知道得更多，他們肯定會大吃一驚。這就是消費者的天性，誰在乎啊？」

我和他一起大笑，但多半是為了附和。因為前迪士尼執行長鮑伯．艾格（Bob Iger）日前也加入了 Perfect Day 的董事會，我曾經採訪過他，所以我知道這名企業家有個弱點，那就是冰淇淋，所以他想必會在乎。

再讓我們回到 Perfect Day 舒適完美的廚房中，爵士樂引誘我接受眼前的食物，我慢慢舔了舔湯匙，讓冰淇淋在我的舌尖上融化，雖然吃起來不像哈根達斯（Häagen-Dazs）口感那麼豐富，但也不像許多非乳製品牌那麼水。Perfect Day 的冰淇淋非常柔順，味道在齒頰間停留夠久，朝我的味蕾發出訊息：耶！是冰淇淋！這真的很好吃，如果把他們的冰淇淋和其他牌子一起盲測，我根本就不會知道這不是傳統的乳製品。我試吃完這三匙的幾個禮拜後，Perfect Day 開賣了第一批一千品脫的冰淇淋，每品脫二十美金，三種口味就是六十美金，不到半天就全賣光了。

第 5 章

# 剩食再造

- 消失的食物
- 用吃的啤酒
- 剩食再造的歷史
- 榨出汁來
- 未來展望

## 消失的食物

我住在曼哈頓時會把廚餘放在冰箱裡，就裝在破舊的塑膠袋中，裡面有紅蘿蔔皮、酪梨核、蘋果核、咖啡渣，並盡可能延後我去聯合廣場（Union Square）小農市集的時間。冰箱裝不下之後，我就會騎腳踏車載著這些東西，一袋放在前面的籃子，另外兩袋掛在手把上，然後搖搖晃晃騎向聯合廣場，同時心裡希望一路上最好都是綠燈，這樣就不用停車。最後，把廚餘丟進下東城環保中心的灰色垃圾桶後，我會讓自己身為環保人士的美好感覺膨脹一下。

接著我讀了記者亞曼達・蕾托（Amanda Little）二〇一九年的著作《食物的命運》（*The Fate of Food*），才發現我根本就是自我感覺良好。蕾托在書中訪問了環保倡議組織「自然資源保護委員會」（Natural Resources Defense Council，NRDC）的廢棄物學者達碧・胡佛（Darby Hoover），根據胡佛的說法，廚餘這個東西其實「充滿爭議」，爭議一是比較健康的食物通常都是最浪費資源的，我時常塞爆的冰箱就是最好的證據，「對地球來說，一開始就不要製造廚餘，比回收廚餘還要好上太多。」再見了，我的女童軍環保徽章！

我對剩食再造的興趣，多半來自丟棄廚餘帶來的糟糕感受，廚餘是種爛東西，會帶來罪惡感，讓我們想起那些花了大錢購買，卻沒有妥善利用的食物。而食品產業的剩食再造，也就是運用某項製程中仍具營養價值的廢棄物，製造全新食品的藝術，則讓我們的心情再次美麗。我興致勃勃地研究這類食物，為《華爾街日報》和《紐約時報》撰寫相關報導，採訪那些用廢料做出巨大貢獻的人。

人造奶油便是最初幾種從廢棄物蛻變而成的食品，後來簡稱為「瑪琪琳」，一開始是應法皇拿破崙三世的要求，從牛肉的脂肪中提煉，後來則成為美國肉品工業處理多餘廢料的方式，到了十九世紀初期，已經有十幾間公司在製造這種替代奶油。在「剩食再造」這個新潮的說法出現前，這類食品通常稱為副產品，像乳清就是在製造優格及起司的過程中剩下的液體，可以說是剩食再造的最佳範例。乳清於一九八〇年代推出，容易消化、富含蛋白質，當成動物飼料很合理，但對人類來說價值更高，現今在市面上數百種素食能量棒、乳清蛋白、生酮餅乾中，都可以發現乳清的蹤跡。

「以前我們不想將其稱為廢料，因為這樣根本沒人想吃。」美國農業部西區研究中心（Western Regional Research Center）的負責人塔拉・麥克休（Tara McHugh）這麼表示，該研究中心屬於美國農業部的四個國家級中心之一，先前叫作「應用實驗室」。現在大家已經不介意吃廢料，事實上，將多餘的食物做成可以販賣的商品，甚至已成為食品製造商的道德責任。雖然某些廢料可以給動物使用，但在美國環保署（Environmental Protection Agency，EPA）的食物回收階層系統中，其實更鼓勵把這些廢料製成人類食品，這個評分系統會顯示什麼樣的行為能對環境、社會、經濟帶來最多利益。

麥克休在美國農業部會和民間公司合作，試著從農業廢棄物製造新的食品，像是石榴籽和釀酒過程中產生的渣滓等。隨著大公司開始推廣他們的環保理念，並投入更多行銷預算來教育消費者，麥克休表示「消費者可能會更清楚」要購買什麼產品對環境才會更友善。卓克索大學（Drexel University）二〇一七年一項有關剩食再造優點的研究便指出「如果消費者覺得購買環保產品能夠對社會福利做出貢獻，那麼他們就會拋下個人利益。」

其他研究也支持這項說法，二〇一九年於芝加哥舉辦的美國食品科技學會（Institute of Food Technologists）年會上，協助客戶研發新食品及飲料的灣區公司「Mattson」就提供了數據，顯示有百分之三十九的消費者願意購買更多使用廢料製作的食品和飲料，並預計該比例會在二〇二〇年提高到百分之五十七。另一個運用廢料相關數據遊說及結合其他公司的灣區非營利機構「ReFED」，則是指出至少有七十間美國公司已經在把剩食製造成新產品。剩食再造協會（Upcycled Food Association），沒錯，真的有這個協會，也支持相關產業發展，並訂定剩食的標準，其成員包括北半球的九十間公司。

即便是在新冠肺炎疫情帶來的封城禁令下，消費者仍然非常注重環保，根據「Genomatica」公司[1]以兩千名成人為對象所做的研究，有百分之八十六的受試者表示，即便疫情結束，他們仍會持續重視環保。此外，就算處在經濟不景氣的狀況

1 Genomatica在本研究使用的樣本，已根據年齡、性別、地區進行校正，誤差值為正負百分之二，數據收集期間為二〇二〇年六月十六日至六月二十四日。

下，仍有百分之三十七的美國人願意為環保產品多付一點錢，在所有年齡的樣本中，意願最高的是Z世代，比例達百分之四十三。

雖然我們在消費習慣上已經有所改進，更願意考量公平正義，花點時間回顧歷史仍是非常值得，我們可以再次把二戰後的美國和當時化學添加物的長足進步當成重要分水嶺，當工廠停止生產戰時使用的軍火後，他們開啟了通往嶄新工業化食物系統的大門，推波助瀾的則是化學肥料及大規模量產。隨著貧窮的戰爭時間結束和中產階級崛起，超市的貨架上開始出現各種反映經濟榮景的產品，這段時間的「進步」多到數不清，包括方便的冷凍食品、塑膠包裝、冰箱的普及、規模經濟、政府對大規模農業的補償等因素，都孕育了工業化食品的發展，同時也造成工業規模的大量浪費。

減少食物浪費並不是把幾片紅蘿蔔皮丟進養雞場這麼簡單，我們的文化花了好幾十年的時間挑選形狀完美、沒有缺陷的蘋果以及外觀端正的紅蘿蔔，即便疫情帶來一點小驚喜，像是大缺貨的衛生紙和洗手乳，我們仍會預期看見超市的貨架上擺滿商品。但是只要朝超市後方的垃圾桶看一眼，你就會在垃圾堆中發現一堆可以吃，只因外觀醜陋而遭到淘汰的營養食物、超過最佳賞味期的乳製品、放一整天的麵包、太熟的水果。

剩食在遭到數十年的忽略後，終於找到自己的一片天，創意十足的廚師開起了「剩食」快閃餐廳、揭露食品工業大量浪費的售票活動、有志之士創立公司，試圖重新利用食品系統中遭到漠視的原料。「Whole Foods」超市在二〇二一年的趨勢報告中便提到「使用原料受忽略或未使用部分製造的包裝產品大量出現，可說是一種減少食物浪費的方法。」

這種不受重視的寶藏有許多名稱，NRDC將其稱為「剩食」，試圖「透過指出這是可以吃的食物，而不是垃圾，強調想法的改變。」我則是比較喜歡Whole Foods前任共同執行長華特．羅伯（Walter Robb）在美西天然產品博覽會上使用的「失食」（lost food），這個名稱的優點在於，將「剩食」包含的指責意味，變成更具同理心的「消失」，消失表示我們可以再次找回來，可以重新利用。

這個領域的學術名稱叫作「產業共生」（industrial symbiosis），對地球確實非常好，但卻沒有指出人類過度消費的習性，以及食品製造商支持及推廣過度消費的行為，也沒有減輕食品櫃中的巨大不平等，有些人的櫥櫃裡放著一年份的零食，其他人卻只能勉強撐過一天或一週。剩食再造的食品是否健康，還有是否會繼續助長依賴零食的美式飲食，以及刺激我們無法抗拒酥脆和油油鹹鹹的腦部化學物質，都還有待觀察。和我一樣關心相關議題、推特超有趣的《華盛頓郵報》專欄作家塔瑪・哈斯佩（Tamar Haspel）也告訴我，她同樣「懷疑我們能從這些廢料獲得健康的食物」。

## 用吃的啤酒

製造啤酒的第一步，就是把一大堆穀物——通常是大麥——和水一起丟進糖化槽裡，之後的混合物稱為麥芽糊，會經過加熱，以便破壞穀物的細胞壁釋放糖分，最終便會轉換成酒精。幾個小時之後，稱作「釀酒廢穀物」的渣滓就會被丟棄，如果可以的話，啤酒商會把這團濕答答的東西送到農場，當成牲畜的飼料，不過比較常見的情況還是直接丟掉。

回收啤酒廠及蒸餾廠廢穀物的想法源自一九一三年，當時一名比利時化學家尚．艾夫宏（Jean Effront）認為可以用啤酒廠和蒸餾廠比牛肉還營養三倍的廢棄物，來製造充滿濃郁「肉味」的新食品。艾夫宏擁有令人印象深刻的遠見，他甚至還寫道「用這種物質製造的類肉，成本將更低廉，因為不需要經過把動物變成肉品的過程。」這便是今日的培植肉和人造肉支持者採用的論述。

全美目前有多間公司正在尋找這類穀物除了動物飼料之外的用途，包括「Rise」、「Brewer's Crackers」、「Grain4Grain」、「NETZRO」，這些企業試遍各種方法，像是把廢穀物做成麵包、麥片、餅乾等，但還是有些問題，因為某些產品根本不能吃，更慘的是，能吃的產品還很難吃。問題在於半中空的穀物常常會出現在你不想要它們出現的地方，例如卡在牙縫，因此為了要做出好吃的最終產品，穀物必需經過進一步加工，包括用高溫烘乾，有些公司還會使用紅外線來殺菌，接著再把穀物磨成粉末。

加州柏克萊新創公司「ReGrained」的執行長暨創辦人丹．庫札克（Dan Kurzrock）把他們做的粉末叫作「Supergrain+」，公司的標語則是「可以吃的啤酒」，我還蠻喜歡庫札克的，因為他去哪都騎腳踏車，在另一段平行人生中，他可能會是個很好的巡山員。跟許多好主意還有一些餿主意一樣，ReGrained 的概念是從啤酒開始，庫札克和另一名現已離開的創辦人喬丹．舒瓦茲（Jordan Schwartz）在猶太學校認識，並在就讀加州大學時學習釀酒。做出一手啤酒後，兩人還剩一些看起來還算營養的穀物，於是他們的腦筋便從這一小堆廢料轉到大型啤酒公司產生的數百萬噸廢料，像是百威、美樂、Molson Coors 等，Molson Coors 現在也已成為 ReGrained 的投資人。

即便啤酒工業有各種協會，包括大型酒商、酒類科學家、地區協會、國家協會等，仍是沒人願意承認廢料的規模有多龐大，沒有人在追蹤究竟有多少釀酒廢穀物遭到廢棄或送往農場。我用美國酒類與菸草稅務貿易局（Alcohol and Tobacco Trade and Tax Bureau，TTB）的數據稍微估算了一下，二〇一九年，美國共有超過八千家酒廠，製造將近一億九千一百萬桶啤酒。作為參照，根據美國啤酒協會（US Brewers Association）的估計，釀一桶啤酒大概要用三十二點六公斤的大麥，但這可是烘乾後的重量，還沒烘乾之前更重，雖然其他成分大部分都是水。還有另一項數據，和大型啤酒製造商相比，小型精釀啤酒廠使用的大麥數量通常是三到四倍。如果我們暫且忽略這些因素，就用一桶啤酒三十二點六公斤大麥去算，光是一年我們就得用上將近六十三點五億公斤的穀物，其中有一部分會送到農場，但沒人知道究竟有多少，剩下的就都是廢料，根據酒廠所在的地區不同，有些也可能會變成肥料。

啤酒發酵後的獨特香氣和爐子上熱騰騰的燕麥粥聞起來很像，只不過沒有甜味，烘乾後的穀物看起來則像煮熟的糙米碎片，大部分的糖分都消失了，吃起來和我們平常習慣的麵粉不太一樣。但庫札克是對的，這些穀物仍然非常營養，ReGrained 的釀酒廢穀物麵粉含有的纖維是全麥麵粉的三點四倍，蛋白質含量則和杏仁粉相同，同時還含有鐵、錳、鎂。這樣的營養含量非常驚人，不過 ReGrained 的麵粉單獨吃起來不太好吃，最好還是加到其他食物裡面，而這就帶著我們走入零食的世界。

對二〇二〇年的零食製造商來說，最完美的零食形狀一定要可以一口吃掉，現在就有鷹嘴豆做成的零嘴，還相當聰明地叫作「Hippeas」，還有各種豌豆酥，像是

「PeaTos」、「Peas Please」、「Harvest Snaps」，以及用木薯做的古早版本，這是一種富含澱粉的根莖類植物。ReGrained 本來就有在做燕麥棒，現在又加上用玉米及釀酒廢穀物麵粉作的零嘴，「我們用的是非基改玉米，因為比較好吃。」庫札克告訴我，確實很好吃沒錯，但是這類零嘴注定會讓我的血糖以我不想要的速度飆升，因為這些食物都是用押出機製造的，就是我先前提到的巨型機器，會噴出塑形完畢、經過烘烤、容易消化的食物。

針對押出食物的研究結果非常明確，畢竟這種食物本身就經過高度加工，代表會增加升糖素負擔，用另一種方式來說，就是你的身體會經歷急速的血糖上升，澳洲的雪梨大學有一組團隊專門研究食物的升糖指數，也就是所謂的ＧＩ值，他們發現高ＧＩ食物「瞬間就會遭到消化，因為加工過程讓其中的澱粉相當易於吸收。」管理血糖變化不只對糖尿病患者而言非常重要，醫生也會告訴你，升糖素的劇烈變化對所有人都有百害而無一利。另外，根據麥克．葛雷格醫生的網站「NutritionFacts.org」，我們攝取的食物品質也會影響到當天的飢餓程度，他提到比起攝取低度加工的鋼切傳統燕麥，攝取即食燕麥會讓你更快變餓，並在之後吃下更多東西。

卓克索大學的烹飪藝術及科學教授強納森・道伊奇（Jonathan Deutsch）是剩食再造領域的專家，我們是在為優良食品協會（Specialty Food Association）的夏季「好食展」擔任評審時認識，這項任務有時超級有趣，有時卻很無聊，從試吃二十五種不同的巧克力棒到把我的叉子插進十四種不同的沙拉醬裡。道伊奇同時也是卓克索大學食品實驗室的負責人，並和十幾間公司合作開發新產品，剩食再造是他的專長，「我的立場如下：我們吃的大部分食物都經過加工，甚至是直接由實驗室製造的，所以我們要談的不應該是未經加工和加工之間的差別，而是該談終極加工。」對道伊奇來說，「食物系統處處充滿可能」，這一切都和食品製造商用剩食製造什麼，以及其中有多少成為最終產品有關。

ReGrained 忙著製造能量棒和零嘴時，明尼亞波里斯（Minneapolis）「NETZRO」公司的創辦人蘇・馬歇爾（Sue Marshall）則是在做鬆餅，新冠肺炎疫情更讓鬆餅需求激增。馬歇爾表示：「有幾個人跑來跟我說麵粉用完了。」於是她迅速和當地的磨坊合作，著手製作含有百分之二十釀酒廢穀物的黑麥小麥混合物，另一項原料則是蛋殼，通常都被當成廢料，但經過處理後便能萃取出鈣質和膠原蛋白。馬歇爾在剩食再造中看見無限潛能，但前提是她擁有資金，「投資人希望我們專注在一種東西上，但是企業家想做的事絕對不只一件，我是個女人，我可以做任何事。」她這麼表示。

和大部分食品公司不同，ReGrained 正在對他們的原料進行第三方測試，創辦人申請了小型創業貸款，並和美國農業部合作進行一項營養研究。實驗的第一階段是動物飼料相關研究，ReGrained 的共同創辦人舒瓦茲在電子郵件中跟我分享了一些初步結果，「潛在的成果」包括受試動物腸胃內的膽固醇含量降低、微生物數量增加等。而需要額外資金進行的人類食品測試，則是會在實驗的第二階段展開，根據動物實驗的結果，舒瓦茲預期在自家的麵粉中，能發現更高含量的益菌生纖維，這通常和腸道內的微生物活性相關。

ReGrained 也跟美國農業部合作研發烘乾和研磨釀酒廢穀物的技術，他們為此製程申請了專利，並且正在加州柏克萊興建一間小型工廠。工廠啟用之後，ReGrained 的麵粉產量就能從每星期一噸變成一小時一噸，庫札克表示：「我們有很多原料供應商。」ReGrained 潛在的原料供應商名單幾乎可以說是永無止境，不過他們現在是和「Fort Point」啤酒公司合作，這間公司在舊金山要塞區（Presidio）擁有一座一萬四千平方英尺的釀酒廠。庫札克表示：「他們是理想的合作對象。」ReGrained 迄今已募得超過四百二十萬美元的資金，來自義大利的義大利麵公司「百味來」（Barilla）便是投資人之一，他們正在自家的義大利麵中測試 ReGrained 的麵粉，擁有百年歷史的原料公司「Griffith Foods」也是測試的一員，還有其他第三方也在測試他們的麵粉，不過公司名稱都受保密協定規範，因而無法在此揭露。

這種祕密商業模式在食品產業已相當盛行，依賴的全是對原料、加工、製程、銷售管道的保密，同時還需要與時俱進，透過社群媒體傳播才是王道。即便比較年輕的消費者族群，像是千禧世代或Z世代，會期待更多的公開透明，「巨食」卻持續隱瞞資訊，包括他們的計畫和方法等，並壓迫小型企業施使其效法。我的書並不是要教導大家如何改變我們的食物系統，也不只是要號召大家對抗工業化的食物，而是要提醒大家，新創食品公司正在跟隨「巨食」的腳步，拿著他們的資金，甚至遭到大型品牌收購。假掰一點來說，我也不是要抱怨這些小公司，我要抱怨的是他們為「巨食」創造了一種看似立意良善的方式，實則是直接將我們引領到擺放即食食品和零嘴的走道上，四處充斥粗製濫造的廉價卡路里。

## 剩食再造的歷史

一九五〇年代末期，食物的未來是「紡絲蛋白」，我在第三章就已提到羅伯特．波以耳將植物做成工業化食物的技術，除了使用大豆等初級原料外，波以耳也發現他可以利用給家禽當飼料或直接進垃圾堆的廢料，他特別感興趣的是用油籽作物，例如花生、紅花、紫花苜蓿等做成的脫脂食品。即便是在創辦初期，通用磨坊也早已注意到剩食再造的重要性，除了其多樣性和潛能外，在剩食再造投入大量資金的原因，還有食物歷史學家娜迪亞．貝倫絲坦所謂的「救世論述」，圍繞著蛋白質在人類營養中佔據的核心地位，以及我們過度投資的各種方式展開。貝倫絲坦表示：「蛋白質獲得的關注遠超過其應得的，全都和這種愛現的價值有關，包括對代謝的刺激、很陽剛、充滿力量、長肌肉等。」

一九六五年，通用磨坊蛋白質分離物計畫的主管提出了一個願景，認為在未開發國家遭到浪費的蛋白質來源，可以拿來彌補人類缺少的營養需求。不過即便前途看起來很光明，當時的剩食再造計畫和紡絲蛋白都沒有撐過一九六〇年代，但或許就算成功，也可能只是成為美國摧毀原住民食物文化的另一個版本而已。而食物科技和食品產業工業化的進步帶來的好處，最終則是體現在各式各樣的零食上，零食從一九六〇年代開始在超市擁有專屬的走道。

如果波以耳現在還活著，他可能會熱切把眼光放在油菜籽和橄欖油榨取過程中留下的渣滓，不過即便許多美國人對大豆都擁有複雜的情感，還是有些企業家相信這種原料，克蕾兒·施萊（Claire Schlemme）便是其中之一。我們二〇一六年在曼哈頓的「好食焦點」（Good Food Spotlight）上認識，這是由食品企業家拉什娜·哥凡妮（Rachna Govani）創辦的每月交流活動，讓人想起《創業鯊魚幫》（*Shark Tank*），不過沒有裡面的大筆資金跟鯊魚般噬血的態度，我只要有空就會去參加。活動是由哥瓦妮當時的新創公司「Foodstand」贊助，有時候也會有大品牌加入，主辦單位會邀請三名專家擔任評審，聽剛創辦的食品公司推銷自己，推銷結束之後，評審會針對售價、口感、包裝等層面，分享他們的意見，此外還會有一群美食控全程觀看，並用手機投票，投票結果會顯示在評審背後的牆上。

那次參加活動時，施萊拿著一個塑膠盒，裡面裝著她所謂的「剩食」餅乾，主要原料是來自製造豆腐剩下的豆渣，我馬上就深受吸引，因為我本來就下定決心要減少自己製造的垃圾，所以對她的構想非常興奮。但當時施萊和他的創業夥伴除了公司名稱「Renewal Mill」之外，其他八字都還沒一撇，於是便把我趕走：「我們還沒準備好面對媒體啦。」

人類食用豆腐已經有數千年歷史，而在豆腐的發源地亞洲，豆渣其實不是廢料，但到了美國，只要不能當動物飼料的就通通都是廢料。施萊和她的夥伴先跟當地的豆腐製造商要了一些廢料，烘乾之後磨成類似麵粉的物質，一杯最終成品和一杯麵粉相比，多出四十七克的纖維，同時還含有更多的蛋白質及更少的碳水化合物。此外，豆渣是來自大豆，所以擁有人體需要的所有重要胺基酸，就是那些我們無法自己製造的胺基酸，其中含量最高的便是麩胺酸，這是一種重要的胺基酸，和人體的多種功能有關，在激烈運動的情況下，麩胺酸含量可能會下降。二〇一五年，科學家對食用豆渣食品的大學運動員進行了研究，他們每天吃兩片豆渣餅乾，持續六個星期，研究結果顯示「疲勞和肌肉損害的程度顯著下降」。

很多剩食再造的麵粉麩質含量都很低，不過豆渣可是完全不含麩質，但因為缺少麩質容易膨脹的特性，豆渣餅乾可想而知吃起來不會膨鬆。去年我為了一場派對，用豆渣、杏仁、低筋麵粉，做了一個柿子布丁，由於水果本身的關係，吃起來像卡士達醬，也比一般的甜點含有更多蛋白質。所以雖然賣相不太好，但派對上的每個人都說很好吃，不過應該很少人知道，他們其實也攝取了更多鈣質和纖維，纖維是美式飲食中最缺乏的營養素，感恩柿子布丁，讚嘆柿子布丁！

Renewal Mill 一開始位在東岸，但在二〇一八年落腳舊金山灣區，並和奧克蘭的「Hodo Foods」成為合作夥伴，Hodo Foods 的執行長暨創辦人蔡閔（Minh Tsai，音譯）是另一位忠實的大豆擁護者，不過最重要的，他還是個生意人。他表示：「豆腐好幾千年來都非常有效率。」蔡閔的 Hodo Foods 非常重視環保，「我們有沒有浪費水？我們有沒有浪費任何副產品，像是豆渣？我們有沒有浪費任何庫存？」蔡閔相信的不是線性經濟，而是循環經濟，這是一種生生不息的商業模式，目的是減少工業浪費和有限資源的消耗，在歐洲二〇五〇年成為世界第一座「氣候中和」大陸的願景中，這種永續商業模式也扮演重要角色。

蔡閔表示：「早在我們生產第一盒豆腐之前，我們就知道我們會有（豆渣）。」而且蔡閔知道自己「不想把豆渣丟掉」，所以自從二〇〇五年創立 Hodo Foods 以來，他就開始販賣豆渣，主要用於動物飼料，當時這是最簡單的解決方式。不過 Renewal Mill 二〇一八年加入後，蔡閔決定是時候讓豆渣變成食品原料了，這是一條比他本來的做法更有價值的供應鏈，Renewal Mill 計畫在加州奧克蘭建立工廠，開設前導產線，準備從豆腐製程結束之處，接續展開他們的事業。

Renewal Mill 的辦公室和 Hodo Foods 繁忙的豆腐工廠位在同一條街上，我在一個熱到快融化的豔陽天去拜訪他們，辦公室的大門正對街道敞開，擋住入口的不是真正的門，而是一個床墊，因為有個快樂的胖嬰兒正在地上爬來爬去，他是施萊十歲大的兒子阿洛（Arlo）。施萊請保母照顧阿洛，我則拉開舒適會議桌旁的椅子坐下，桌上的銀色桶子放著烘焙用具，接著開始跟施萊還有她的營運長卡洛琳·柯托（Caroline Cotto）聊起食物的未來。

我們聊到大眾對大豆反覆無常的喜好，以及大豆是八大過敏原之一，這些原因讓 Renewal Mill 努力想要擺脫他們獨以豆渣粉聞名的形象，施萊和柯托正在研究其他製造可觀廢料的供應鏈，例如香草以及現在非常流行的燕麥奶等。和 ReGrained「Supergrain+」的情況相同，現在市面上的豆渣產品依舊十分稀少，如果你住在灣區，你可以直接在當地買到 Renewal Mill 的黑巧克力布朗尼粉，網路上則是可以買到豆渣粉、布朗尼粉、餅乾、以及「Tia Lupita」用木薯、仙人掌、豆渣粉做的無麩質墨西哥薄餅。

## 榨出汁來

我實在很難在這些剩食再造企業家身上找到缺點，他們全都對拯救地球充滿熱情，而且人又都超好，我提出疑問時，他們都會盡可能回答。如果卓克索大學的研究最後發現比起初級原料，消費者會比較願意購買剩食再造食品，那麼我也會在這群消費者的行列之間，根據估計，剩食再造產業二〇二〇年的產值約為四百七十億美金。

不過早在這之前，我在二〇一四年就曾為《華爾街日報》撰寫一篇和「搶救晚餐俱樂部」（Salvage Supperclub）有關的文章，在這場晚餐派對上，賓客坐在垃圾車裡吃一頓原料全都來自剩食的晚餐，因為不確定攝影師會從哪邊拍照，我坐在前排中間，最後成了我的上報初體驗，媽我在這！

一年後，名廚丹・巴柏宣布要將他在曼哈頓的餐廳「藍山」（Blue Hill），轉型成全面使用剩食原料的快閃店「剩食」（wastED）。巴柏用帆布覆蓋牆面，並邀請客座主廚加入，試圖用各式「低級」原料來製作高檔料理，包括魟魚軟骨、義大利麵碎屑、魚下巴等，這些廢料在在顯示我們有多容易就會浪費掉好端端的食材。我的 iPhone 裡存著那天晚上的照片，全都黑漆漆的，唯一的光源來自用牛肉脂肪做的自製蠟燭，我們還拿來沾麵包，吃起來其實沒有很噁啦。

根據「IBIS World」二〇一九年的報告，美國果汁工業的年產值預計在二〇二〇年達到二十七億美金，成長率達百分之一點九[2]，果汁工業產生的廢料數據不太好

2 這份報告統計的時間是二〇一九年二月，但我們完全可以假設因為新冠肺炎疫情肆虐，實際的產值應該會更低。

找，不過大概可以假設每年至少有好幾十萬噸[3]。難過的是，當我們丟掉某項產品時，也代表我們浪費了製造這些產品所需的資源，水、能量、勞力、原料，還要加上其他所有種植水果和蔬菜需要的東西，像是土壤、種子、肥料等。

用果渣做的漢堡聽起來有點噁爛，但這道菜是我在「wastED」吃的那頓晚餐中，最讓我興奮的一道，原料是巴柏的團隊從「Liquiteria」拿來的果渣，這是紐約市的連鎖果汁吧品牌。這顆濃郁可口的漢堡用油脂（來自起司、杏仁和芥花油）跟紮實的口感（來自豆類和蘑菇）刺激我的味蕾，整個無可挑剔，因為裡面也含有蛋白質（來自豆腐跟蛋）。果渣漢堡從此留在我的腦中，我認為這項產品能夠讓食品工業的領導者知道，消費者追求的是對環境更好的食物，**同時**還健康又好吃。「wastED」令人印象深刻的晚餐後不久，漢堡品牌「Shake Shack」便宣布他們將會用期間限定的方式販售這款果渣漢堡，我一得知這個消息，就馬上搭地鐵衝到葛雷梅西公園（Gramercy Park）的Shake Shack，然後排隊等了一個小時。但是好不容易

3 根據《摩登農夫》（*Modern Farmer*）雜誌二〇一六年的統計，當年大約有十七萬五千噸果渣最後進了垃圾掩埋場。

輪到我時，店員卻告訴我果渣漢堡只賣昨天一天而已，我錯過了，難過到爆，只好兩手空空又飢腸轆轆地離開。

如果說有什麼好方法能把未來食物推銷給美國人，那就是漢堡了，驚慌失措的「巨食」也開始製造素食類肉漢堡，來和不可能食品及超越肉類競爭，便是最好的證明。但即便如此，就算 Shake Shack 的果渣漢堡瞬間賣光，重新利用果渣的構想仍被丟在一旁，含有珍貴纖維的果渣，仍在乞求成為動物飼料之外的命運。

正是這樣的廢料為凱特琳・摩根塔莉（Kaitlin Mogentale）帶來了機會，她在惡名昭彰的果汁之都洛杉磯親眼見識問題的嚴重性後，便創立了「Pulp Pantry」，她表示：「我發現打果汁的過程極其浪費。」這個構想就跟拿環保托盤擺在她面前沒什麼兩樣，但是要怎麼開創一番事業呢？一開始她考慮幫孩子製作健康的食物，但後來她用剩下的果渣做成燕麥棒，並拿到當地的小農市集販售，接著便用這項最初的產品去申請育成中心的計畫和經費。她先加入了紐約的「Food-X」，後來又在 Target 的育成中心獲得資金，最後在二〇一九年，Pulp Pantry 推出了他們的第一項產品：剩食再造墨西哥玉米片。

這種零嘴大部分都還是用玉米製造，當你只要在超市的零食走道逛一圈，就會發現還有其他競爭對手，堆到天花板的零食可能是用各種新潮的原料製作，包括木薯、鷹嘴豆、蛋白、雞肉，是的，你沒看錯，雞肉。「鹹零食」這個種類正在成長，根據民生用品分析公司ＩＲＩ的調查，光是二〇一九年這個種類就成長了百分之四點九，產值達到兩百四十九億美金，墨西哥玉米片也成長了百分之四點九，產值高達五十五億美金。

不過摩根塔莉的墨西哥「玉米片」並不是用玉米製作，而是使用羽衣甘藍和芹菜渣的混合物，他們直接從「Ｓｕｊａ」取得原料，這是一間位於加州海濱市（Oceanside）的果汁公司，市值超過一億美金。根據 Suja 營運長麥克・柏克斯（Mike Box）的說法，他們每年送到鄰近農場當成動物飼料的果渣，大約有三百一十五萬公斤，但是根據ＥＰＡ的食物回收階層系統，餵飽飢餓的人其實排在餵飽動物前面，減少浪費則是在金字塔頂端。Suja 現在把他們一小部分的果渣用冷凍的方式交給摩根塔莉，這樣能夠讓原料保持新鮮，之後再烘乾磨成粉末，成品就像 Renewal Mill 的豆渣粉加上奇亞籽跟木薯。摩根塔莉告訴我：「我很高興大家開始重視纖維，我覺得這是下一波風潮。」營養相關研究也同意這點，纖維對開心健康的腸胃來說非常重要。

我們的食物系統讓食品幾乎或多或少都要經過加工，很難避免，我在挑選食物時，會選擇注重食品生產的層次，也就是原料含有哪些成分，以及要花多少工序加工，當我用這種原則檢視摩根塔莉的玉米片時，簡直無可挑剔。我最後終於試吃到樣本，覺得美味極了，正方形的玉米片超級酥脆，我只要吃一小撮就會有飽足感，在營養含量上來說，Pulp Pantry 的玉米片相當接近一般玉米片，但卻擁有雙倍纖維。我火速寫了一封電子郵件給摩根塔莉：「超好吃欸！但海鹽口味需要再鹹一點點，烤肉醬口味則是太鹹了。」我還能說什麼呢？畢竟我可是花了一輩子在追尋健康的零食呢。

## 未來展望

我對剩食再造食品抱持的懷疑，和需要花多大力氣才能揭露製造過程的每個步驟有關，包括配方中每樣原料的來源，這個難題可以套用在所有加工食品上。區塊鏈這類科技可以協助解決問題，但是就連區塊鏈，這種在供應鏈的每個步驟都加進數位科技的方法，都離早期試驗階段還很遠。此外，我對食物最後剩下的營養價值也很懷疑，原料經過擠壓、加熱、煮熟後，還能保持營養嗎？

推廣原型食物及素食的「TheVeganRD」網站創辦人、營養學家暨作家金妮．梅西娜（Ginny Messina）也認同加工食物佔有一席之地，她甚至還是「不可能華堡」的粉絲，覺得偶爾吃吃還不錯。梅西娜認為加工過程也會帶來好處，像是如果用大豆製作牛奶的話，就會先去除大部分的纖維，之後的剩餘物——一大堆豆腐——就是非常好的鈣質來源，她解釋道：「某些加工過程可以改變食物，或是讓食物更好消化。」

我也問了美國農業部的麥克休加工食品到底健不健康，「很多營養成分其實都是耐熱的，像是纖維和多酚」，多酚是水果、蔬菜、麥片、飲料中含有的天然物質，有明顯的證據指出，多酚含量高的食物會提供大量的抗氧化劑，但麥克休仍表示「所有原料都是不同的」，美國農業部宣稱他們已針對營養定義進行「調整」，但在我聽來只是行銷話術而已。

許多人的廚房裡都有橄欖油，但我們很少想到橄欖油的副產品——橄欖渣，橄欖油工業可能不想聽到下面這句話，但麥克休表示「某些營養成分在橄欖渣裡其實含量更高」，因此她正和大型廠商合作，想辦法利用橄欖渣。但不幸的是，蒐集橄欖渣需要重新調整製程，以確保食品本身的品質和安全，這是本章提到的所有公司都必須面對的問題。Renewal Mill 便在 Hodo Food 的豆腐產線加入了新的設備和額外的製作步驟，代價卻是讓製程整體的碳足跡提高，Regrained 則是在加州柏克萊建造了自己的工廠來生產麵粉。不過根據麥克休的說法：「大部分的公司還是不會對他們的產線進行大改造。」但是隨著大型啤酒公司，像是百威英博（Anheuser-Busch）和 Molson Coors 的資金進入，情況有可能會改變。

剩食再造需要時間和資金，但這兩者都不是企業想投入的東西，不過剩食再造協會的執行長透納・懷亞特（Turner Wyatt），卻看見大公司和剩食再造新創公司攜手合作的價值，因為新創公司能幫大公司達成他們嶄新的社會責任願景，他表示：「大公司會因為他們設立的永續發展目標期限而遭到抨擊。」許多大公司為了能夠達成目標，將期限設在二〇三〇年，但「巨食」只要和剩食再造新創公司合作，就能更快達成目標。對同樣身為剩食再造協會專案一分子的道伊奇來說，其中一個爭議點在於大公司要如何展現他們的環保價值，他問道：「是減少溫室氣體排放，好轉移浪費食物的注意力呢？還是只要從垃圾堆裡把廢料撈出來就好？」如果我也是專案的一員，我可能會建議「巨食」的永續發展目標也應包含減少加工過程製造的廢料，並強迫他們運用剩下的原料，最理想的狀況是，垃圾食物的走道應該也要加上護欄禁止進入。

在現今的食物產業中，永續發展可以說是門好生意。NRDC二〇一七年的研究便發現，對努力投資減少廢料的公司來說，平均能拿回十四倍的收入，但是在到達這個階段之前，還是需要先有一小批剩食再造生力軍。ReGrained 的庫札克就認為剩食再造還有不少地方可以改進：「剩食再造這個概念被稀釋了，沒有充分利用，並且遭到忽視，在把廢料製成食物的過程中，口味是很大的挑戰，因為它們常常沒什麼味道。」最後，由於剩食原料通常都含有比較少麩質和比較多纖維，所以製成食物時都還需要加入另一種麵粉，這表示剩食原料在最終成品中僅佔百分之五到百分之十，有時候還更低。

剩食再造的未來看似一片光明，但我們的食物系統其實相當僵化、不願改變，奧勒岡州大學的食物創新專家莎拉．瑪索妮就曾告訴我，她曾從州裡取得一筆經費，用來研究重新利用果渣製作食物可不可行，包括葡萄皮和種子等，「我們接觸到奧勒岡的紅酒產業，和他們請教相關問題，他們竟然恥笑我們。」我想說這應該是很久以前發生的故事吧，於是問她這是在哪一年，她回答我：「二〇一九年啦，直接丟掉根本比重新利用還要划算。」

但是探索食物系統遭到遺忘的角落，仍會得到許多收穫，而且剩食再造食品也不斷推陳出新，包括用可可豆外面的白色物質可可渣製作的飲料和零食、不要的玉米粒製造的墨西哥玉米片、水果乾的汁液製造的蘇打水、過熟的香蕉做成的香蕉點心、椰子水製程的廢料做成的椰子乾等。還有用各種原料做成的麵粉，像是還沒成熟的香蕉皮和咖啡櫻桃，也就是咖啡豆外層大多數時候都遭到忽略的果殼，甚至還有人用蔬菜渣創造了一種新的香料。Ripple Foods 便從蓋茲基金會（Gates Foundation）得到了一筆資金，試圖用去除脂肪的油籽作物研發低成本的牛奶配方，他們也正在和麥克休和她的美國農業部團隊合作，這間位在加州柏克萊的公司，已在蠶豆和芥花籽中找到可觀的潛力，並試著推出比豌豆奶成本更低的商品。

對新創食品公司來說，價格是最後的阻礙，在產品價格能讓更多消費者族群接受，並為世界各地的消費者提供更多選擇及口味前，未來食物仍是屬於花得起閒錢的菁英專利，用來滿足他們對未來的好奇心，並點綴他們的道德光環。無論會不會帶來幫助，我對掏出自己的錢包及付出好奇心來支持這些創意，都覺得非常愧疚，我很想相信改變能帶來好處，我也很討厭浪費食物，但是把加工過的原料做成加工食品這點讓我猶豫，為了好吃究竟加了什麼？糖、脂肪、鹽、香料。Cheez-Its 餅乾很好吃沒錯，但我不需要更多充滿誘惑的版本存在這世界上，卓克索大學的道伊奇看法則更加務實：「就像食物系統製造的（食物）營養價值都大異其趣，這些剩食再造食品的營養價值也會各不相同。」

第 6 章

# 植物漢堡

- 就咬一口
- 當漢堡稱王
- 做出更好的漢堡
- 「超越肉類」的布朗
- 嚐起來如何？

## 就咬一口

二〇一七年，不可能食品推出他們漢堡的幾個月後，我就在舊金山的肉食聖殿「Cockscomb」餐廳吃了我的第一顆不可能漢堡。除了韃靼牛心和豬耳朵外，Cockscomb的主廚克里斯・柯森提諾（Chris Cosentino）也開始在他的餐廳供應不可能漢堡，搭配萵苣、狄戎（Dijon）芥末、葛瑞爾（Gruyère）起司、焦糖洋蔥、招牌漬物一起上桌。柯森提諾會知道這種「肉」，是因為另一位大廚崔西・德・賈汀（Traci Des Jardins）的推薦，不可能食品雇用賈汀負責漢堡的行銷[1]。鬆軟的漢堡上插著一根小小的不可能食品旗幟，漢堡本身則非常巨大，如果有什麼建議尺寸的話，這大概是兩倍大，我咬了一口，吃進奶油漢堡和厚達兩公分半的肉排，露出層次豐富的粉色內裡。吃起來和廣告一模一樣：會流血的漢堡，不過整顆都是用植物

1 德・賈汀的著作《不可能食譜》（*Impossible: The Cookbook*），於二〇二〇年七月由不可能食品自費出版。

製作，雖然口感比一般的牛肉漢堡還要粉一點，仍是成功騙過我，讓我相信這是牛肉做的。

坐在我對面的是不可能食品友善又能聊的公關部副總潔西卡・艾波葛倫（Jessica Appelgren），她也承認漢堡的配方還需要調整。不可能食品試著要用這個更環保、更符合公平正義的替代版本，來取代美國人一個禮拜平均要吃掉的那二點四顆漢堡，還有不少公司也在努力嘗試。艾波葛倫愉快地表示：「我們也想趕快進入習慣階段。」我認為她所謂的「習慣」，表示的是速食已成為一種習慣，也就是從有意識的選擇，變成根據外在暗示而出現的自動反應。速食確實是全球健康衰退的罪魁禍首之一，而不可能食品此處的行銷訊息，傳遞的則是：不要去想你正在把什麼東西放進身體裡，只要知道你吃的東西對地球更好就足夠了。

為了探究這塊用植物做的肉排，是怎麼能吃起來、感覺起來都像真的肉，而且還會流血，我開車前往位在加州奧克蘭某工業區、佔地達六萬七千平方英尺的廠房，這是不可能食品的第一座工廠，於二〇一七年開始運作，先前是烤蛋糕和杯子蛋糕的點心工廠。不可能食品後來開始無法應付市場需求時，他們便和「OSI

Group」簽約合作，這是一間總部位在伊利諾州的食品製造商，在全球七十個國家擁有六十五座工廠。不可能食品蒸蒸日上的證據，還有他們的老臣尼克・哈拉（Nick Halla）現在已經搬到香港，正努力拓展公司在亞洲的業務。

艾波葛倫在大廳接待我，接著帶我上樓到一間空的會議室，整座建築物除了我們幾乎沒有任何人，不可能食品大部分的員工都在紅木市（Redwood City）平凡的商業園區中工作，鄰居是兩間超大的回收中心。我們在等待時，艾波葛倫給了我一杯濃咖啡，不久後他們當時的供應鏈執行長克里斯・葛雷格（Chris Gregg），和工廠經理朱利安・葛拉科（Julien Grascoeur）便加入我們，葛拉科是一名高個子法國人，好像迫切想炫耀他們幾近全新的產線。在會議室小聊了一下之後，我們穿上白色的實驗衣，戴上塑膠護目鏡，出發前往工廠。

水泥地完美無瑕，黃線劃分出工作區，安全標語和警示貼在視線處，高聳的金屬架子則放在主工作區旁邊的空間，上方堆著紙箱和裝著原料的購物袋，我看著這些東西，思考乾燥的原料如何變成類肉漢堡，並騙過無肉不歡的消費者，這套間諜程序的結束，是伴隨我整趟旅程的艾波葛倫告訴我不要再讀上面的標示。

來到主工作區，不鏽鋼機器攪拌著植物混合物，我鼻子一皺，這地方超臭，但我不確定臭味的來源，不可能漢堡是十七種原料的大雜燴，包括高度加工的原料如大豆蛋白、馬鈴薯蛋白，還有看似健康的食品添加物，例如椰子油、葵花油、維生素 $B_2$、鋅。我聞到的到底是什麼？是加熱程序嗎？還是把這些原料變成植物泥的程序？我問了不少問題，但很多都石沉大海，因為這些資訊受專利保護，到目前為止，不可能食品已經申請了大約一百四十項專利，內容包羅萬象，包括抽取及純化蛋白質、大豆起司、肉類複製品、基因改造親甲基酵母，也就是血基質的幕後推手，我稍後會再深入介紹。

在四通八達的廠房中參觀時，我不禁想起所謂的「誠實廣告」法，不可能漢堡確實會「噴血」，設備下方流過的深紅長河便是證明，這無庸置疑就是臭味的來源，後來我知道臭味大部分都來自血基質，讓不可能漢堡在烹調過程中能進行所謂的「梅納反應」（Maillard reaction），也就是從紅色變成咖啡色的焦糖化過程。這個過程讓我想起以前參觀的肉品加工廠，氣味、髒亂、寒意，除了最重要的差別：這裡沒有流出真正的血。

## 當漢堡稱王

素食漢堡曾是美食界的邊緣人，但現在換上新潮的名稱「植物漢堡」大肆宣傳後，便吸引了各路投資者的注意，從比爾．蓋茲到NBA球星俠客歐尼爾等，他們願意砸錢在一度沒沒無聞的肉排上，是有原因的。根據資料，二〇一九年，有百分之二十五的消費者開始減少肉類攝取，此外，素食食品協會的報告[2]也顯示，植物肉的產值在過去兩年間成長了百分之二十九，達到五十億美金。對傳統肉品帶來更大威脅的資訊，則是冷凍植物肉的產值成長了百分之三十七，其中便包括不可能食品和超越肉類的產品，而傳統肉品的成長幅度僅有百分之二。

不可能食品和其他公司在做的事，以前也有人做過，只不過算不上成功，一八九六年，相信聖經是在推廣素食的保守新教教派，基督復臨安息日會（Seven-day

2 本報告根據「SPINS」公司二〇二〇年三月三號公布的數據，並和「Good Food Institute」合作完成。

Adventists），就發明了一種叫作「protose」的肉類替代品。肉品的原料來自大豆、花生、小麥中的麩質，先磨成濃稠的糊狀，再加入水跟麵粉，並用蒸氣殺菌，整個製作過程和現在新創企業使用的沒什麼差別。

這種肉品裝在罐頭中販售，由「Battle Creek」食品公司負責經銷，這間公司的創辦人是麥片大亨W．K．家樂（W. K. Kellogg）的哥哥，約翰．H．家樂（John H. Kellogg）。一九四四年，飲食作家克萊門汀．派多福（Clementine Paddleford）在《巴爾的摩太陽報》（*Baltimore Sun*）上發表了一篇和這種假肉罐頭相關的文章，她寫道：

> 豆堡是一種沒有肉的肉，原先呈粉末狀，加水拌一拌之後，會變成肉排的形狀，煎起來則像漢堡排，蛋白質加上不錯的調味，讓口感吃起來像混合了大豆、麵粉、餅乾屑、乾洋蔥，如果要弄得更好吃，拿來當成配料比較適合，一半用這個，另一半用真的牛排。

一九四七年，二戰已經結束，肉品配給制也邁向尾聲，紐約的華爾道夫酒店

（Waldorf Astoria Hotel）開始供應一道用 protose 做的肉捲前菜，大概就是把肉弄成很像長條吐司的形狀，並將其稱為「饕客十分喜愛的非凡組合」，但怎麼做出來的就不得而知了。

接下來的數十年間，出現許多試圖取代牛肉排的嘗試，但這些替代品都沒什麼味道，而且就算夾在麵包裡，都還是會散成一團，比較像煮太爛的蔬菜，而不是肉，因此根本沒辦法說服任何人，就算一些賣加工食品的店會進貨也無濟於事。在這段時期，種植作物餵養牲畜的集約農業所依賴的化學肥料，以及畜牧業需要的土地，都不太受重視，只有法蘭西絲・摩爾・拉普注意到，一九七一年她發現人類一半的作物都是拿來餵牲畜時，便表示「以肉類為主的飲食方式，如同在開凱迪拉克。」換言之，人類把所有的資源投入回報超低的產品，並擴大我們的經濟差距，「那些想要穀物，也需要穀物的人，根本就買不起，所以穀物最後都進到牲畜口中。」光是在美國，就有五千六百萬英畝的土地專門種植動物飼料，而種植一般農作物的面積僅有四百萬英畝。

雖然市場上出現這類讓人垂涎三尺的替代品，肉類的需求仍是前所未有地高漲，「The Better Meat Co.」的執行長保羅・夏皮羅（Paul Shapiro）就在 Medium 上的一篇文章提到，即便疫情為新的素食品牌創造銷售紀錄，超市裡賣的新鮮肉類和冷凍肉類，仍有百分之九十九是來自傳統肉品，你自己算算看就知道，就算出現高峰，植物肉佔肉品銷售總額的比例，仍是不到百分之一。

漢堡如此普遍，充滿典型的美國精神，讓人們總是很難想起這股全國性的狂熱，其實是在一九五五年麥當勞開門後才開始。就收入來說，麥當勞目前仍是世界最大的速食連鎖品牌，在一百一十九個國家都擁有分店，但他們早已不再追蹤一年究竟賣出多少個漢堡。不過根據網路上一份舊的員工訓練手冊，麥當勞這個漢堡巨人「每秒賣出超過七十五個漢堡，每天每小時每分每秒，全年無休」因此我們可以放心假設，麥當勞每年賣出的漢堡數量應該是數以十億計。此外，在食物 podcast「Gastropod」的某一集中，我也得知根據美國國家衛生統計中心（National Center for Health Statistics）的數據，全世界有超過百分之三十六的人口每天都會吃速食。

世界吃掉這麼多漢堡，讓我們很難忽略美式飲食殖民了全世界的事實，基本上，美國人就是讓氣候變遷和健康惡化這兩條曲線雪崩式下滑的罪魁禍首，這樣的領悟，促使新一代的企業家再次回頭追尋漢堡。研究指出肉類替代品的市場正在快速成長，掌握最新食品科技的不可能食品，以及其最強大的競爭對手超越肉類，都推出各自的植物漢堡，目的便是希望趕上激增的全球牛肉需求，並為近來開始著迷素食的美國人提供一種他們吃了不會有罪惡感的「肉」。

## 做出更好的漢堡

到目前為止，這兩間公司都已募到足夠支持小型國家運作一年的資金，截至二〇二〇年八月，不可能食品已募集十五億美金，這還只是在公開上市之前。超越肉類則是募到了至少一億兩千兩百萬美金，二〇一九年五月公開上市後，即便專家警告這間公司可能永遠不會賺錢，他們仍是又募得另外兩億四千萬美金。為什麼投資人會願意賭一把，相信新一代的植物漢堡能夠在先前失敗之處成功？而我們又為什麼會對漢堡如此著迷，漢堡是不是告訴了我們什麼有關自身的祕密？

這兩間漢堡巨獸的創辦人都是純素主義者，他們都說這麼做是為了對抗氣候變遷，並表示氣候變遷和人類依賴動物維生的現象直接相關。派特．布朗在二〇一一年創辦了不可能食品，他先前是史丹佛大學的生技學家，同時也是世界知名的遺傳學者，得過一些獎項，他發明的DNA晶片可以用來研究和分析基因，到現在都還在使用，所以他是個聰明人。因此我在二〇一七年十月二十六號到他的辦公室拜訪時，心裡總覺得這場辯論我根本沒有勝算，完全就是這樣。

我們在不可能食品紅木市的總部見面，就在舊金山附近，布朗的穿著是典型的矽谷工程師風，慢跑鞋和帽T，艾波葛倫坐在旁邊，負責對話紀錄，還有不可能食品的公關長瑞秋．康拉德（Rachel Konrad），只要布朗開始發表一些非官方意見，瑞秋就會用眼神阻止他。

布朗是在史丹佛的研究假期時，決定做點刺激的事讓自己名留青史：終結人類對動物的依賴。他表示，問題在於我們把肉品和生產肉品的動物本身搞混了，在一篇Medium的文章中他也提到：「直到現在，人類所知唯一能把植物變成肉品的科技，仍然只有動物。」布朗是個注重效率的人，也是個典型的科學家，看重事實、數據、實證、效率，但是他的熱情壓過一切，你會發現他的使命中有某種狂熱的東西，他想用吃起來像「牛肉」的植物餵飽全世界。

根據其中一名團隊成員的說法，不可能漢堡的早期版本吃起來像「餿掉的大麥粥」，布朗則表示：「我們現在的版本好多了，六個月後的版本（甚至）還會更好。」不可能食品在中西部進行盲測時，會給受試者兩種看起來像肉的東西，一個是不可能漢堡，另一個是一般的牛肉堡，含有百分之八十的瘦肉和百分之二十的脂肪，因而稱為「80/20」。布朗說，當時的測試結果顯示，有一半的受試者比較喜歡植物版本，其實精確一點來說，根據不可能食品贊助的研究，比例應該是將近一半的百分之四十六，不過隨著不可能漢堡進軍速食市場，這個比例很可能已經遠遠過半。

在某些速食連鎖品牌中，不可能漢堡甚至還打敗了傳統漢堡，像是在全世界擁有超過二十七間分店的「Umami Burger」，不可能漢堡就位居他們的銷售排行榜前三名，漢堡餡料包括兩片不可能漢堡排、烤洋蔥、素食美式起司、味噌芥末、招牌「Ooh-Mami」醬、醃蒔蘿、萵苣、番茄。營養檢查：光是兩片不可能漢堡排就含有四百八十大卡的熱量、十六克飽和脂肪、三十八克蛋白質，這還不包含調味料、麵包本身跟附餐薯條。

這類漢堡比較環保是事實，不可能食品宣稱和工業化生產的牛肉相比，他們的漢堡運用的土地資源減少了百分之九十五、水資源減少了百分之二十五、溫室氣體排放量也減少了百分之八十九。就連麥當勞都開始感受到環保壓力，並宣布在二〇二〇年以前要終結牛肉供應鏈中的濫伐現象，這個速食產業巨人，同時也是工業化牛肉最大的單一採購商，也宣稱他們在二〇二〇年前，會全面檢視產品肉類中的抗生素情形，但我目前還找不到任何證據可以佐證他們的說法。就讓我們拭目以待，看看不可能食品能不能成長到足以供應漢堡給麥當勞的規模，同時維持他們超棒的環保數據吧。

近來營養科學家開始呼籲社會大眾多多注重食物加工的層次，其中一個廣為接受的方法便是所謂的「NOVA」量表，該量表將食物分為四大類：未加工或輕度加工食物（種子、水果、雞蛋、牛奶、真菌、藻類等）、加工食品原料（鹽、糖、橄欖油、醋等）、加工食品（麵包、起司、煙燻肉類等），最後則是超加工食品和飲料（汽水、冰淇淋、漢堡、即溶湯包等），而不可能漢堡屬於最後一類。研發NOVA

量表的巴西科學家表示：「超加工食品常見的特性包括超級美味、吸引人的精緻包裝、針對孩童及青少年的多媒體或其他侵略性行銷方式、品牌為跨國企業所擁有。」不可能漢堡會屬於超加工食品還有另一個原因，其製造原料多達十七種，而且每一種都由不同公司製造，其中某些還是「目的為改善口感的食品添加物」。

雖然不可能漢堡屬於超加工食品，整間公司沒人能認同，但大眾最擔心的原料，其實還是血基質，這是一種經過基因改造的鐵質，也是許多蛋白質及肉類的重要成分，包括人類的肌肉纖維，在肉類中稱為「肌紅蛋白」，植物中則稱為「豆科血紅蛋白」，有時也叫作「非血基質鐵質」。不可能食品的版本「RUBIA」則是來自豆科植物的根瘤，由基因改造酵母製造，以產生大量的豆科血紅蛋白，他們簡稱為「血基質」。和動物的血液一樣，血基質也是紅色的，那就是我在工廠看到的血紅長河，聞起來像血，因為這確實**是**某種血沒錯，只是不是來自動物。

科學家製造的食物進到我們口中已有數十年的歷史，現在這股風潮也沒什麼差別，但我們真的知道不可能食品賣的究竟是什麼東西嗎？

出過多本健康相關著作，同時長期吃素的心臟科醫生暨醫學教授迪恩・歐尼許

（Dean Ornish）有些擔憂，他告訴我：「我們需要更多研究，比起蔬菜中的血基質，紅肉中的血基質鐵質（對我們的細胞來說）更好吸收。」這也是大部分醫生都會對肉類為主的飲食皺眉的其中一個原因，二〇一四年一項針對各種前瞻性研究所做的分析指出，和血基質鐵質攝取較少的受試者相比，只從肉類、禽類、魚類大量攝取血基質鐵質的受試者，罹患冠狀動脈心臟疾病的機率高出百分之三十一。我對不可能食品的質疑，便是他們的血基質是否也會提高罹患心血管疾病的機率，但歐尼許醫生也無法解答。

不過歐尼許醫生仍對市面上出現這些新產品感到開心，他表示「能夠鼓勵大家吃素的東西都很棒」但他也覺得如果可以不用血基質就做出漢堡，就像超越肉類，那麼為什麼不選擇這個途徑呢？

和不可能漢堡不同，超越漢堡不含血基質，當他們的執行長暨創辦人伊森・布朗告訴我，他不想在配方中加入血基質時，也提到不可能食品張開雙手擁抱基改原料可能「很聰明，但也可能是他們的弱點。」相較之下，雖然超越肉類表示自己對蛋白質抱持懷疑態度，並曾試過綠豆、芥花、蠶豆等其他來源，他們的漢堡主要仍是用大豆蛋白製造。另外，即便他們很早就開始請職業運動員為產品代言，超越漢堡仍和不可能漢堡相同，都屬於超加工食品。

為了減輕消費者對基改原料的恐懼，不可能食品也替他們的血基質，向美國食品藥物管理局申請了「GRAS」，他們其實不需要這麼做，想要GRAS的原因只是因為這樣就代表他們的產品很安全。美國食品藥物管理局起初拒絕了這項申請，表示「大豆根並非普遍的食物」，而且不可能食品也「不是在為食品申請安全標章」。我繼續追查，發現不可能食品還進行了額外的實驗，科學家每天餵豆科血紅蛋白給老鼠，時間長達一個月，這個劑量是美國人每天平均從牛肉中攝取含量的兩百倍，在提交給美國食品藥物管理局的一千零六十六頁報告中，不可能食品表示他們沒有發現任何損害。不過如同我在先前的章節所提，這可是由不可能食品自己進行的實驗，而**不是**獨立的研究，布朗在我們的訪問中告訴我：「我們的核心原則之一，就是我們賣給消費者的產品，一定比其替代的東西更好。」

為什麼要為了一項小小的原料如此大費周章？因為不可能食品正在研發一整條以血基質為主的生產線，包括雞蛋、雞肉、豬肉、魚。儘管存在食品相關法令，不可能食品仍然很有可能進軍中國，但專家認為這可能是個挑戰，主要問題還是在於血基質。類似的案例在美國幾乎沒有失敗過，那些以前只賣給主廚和製造商的東西，現在已可以在超市、速食連鎖品牌跟電商平台上販售。二〇一八年年底，美國食品藥物管理局終於通過不可能漢堡的 GRAS 認證，接下來要看的就是市場接受度了，為血基質的色素添加物用途申請認證，則花了更長時間，血基質是漢堡排擁有粉紅色澤的原因，不過這項認證最終依然順利通過。

在我追尋蛋白質分離物的旅程中，我得知「Ralston Purina」原先的大豆加工廠遭到杜邦收購，這是一間知名的化學公司，以排放有毒廢水劣跡斑斑，同時他們也負責生產大約百分之三十六的基因改造大豆，不知道為什麼，這兩項事實結合起來，讓我覺得杜邦可能正在和不可能食品合作。我到布魯克林參加食科研討會時，恰巧聽到一名杜邦科學家的演講，主題是酵素在食品製造業的用途，我整個人精神都來了。於是提問時，我問他和不可能食品合作，製造像血基質這類創新原料，有什麼感覺？科學家回答得很曖昧，只表示這是非常有趣的合作。活動結束後，我追上他詢問他們是在哪邊製造原料，他表示杜邦是在墨西哥的工廠製造血基質。

根據派特．布朗的說法，牛肉的口味依賴的全是血基質，所以即便每顆漢堡中僅含有萬分之二的血基質，相關人士仍會宣稱如果沒有加血基質，漢堡吃起來就會像蟹肉餅。血基質是種催化劑，可以把胺基酸、糖類、脂肪酸變成我們的味蕾覺得是肉的東西，讓不可能食品在這場食物大戰中遙遙領先，並用他們的獨家技術吸引投資人的資金。但是如果沒有血基質，植物蛋白質吃起來就不會像肉，那其他公司在沒有血基質的情況下，又該怎麼辦呢？

## 「超越肉類」的布朗

和不可能食品散發著常春藤名校光輝的科技相比，超越肉類更像是誕生自社區學院的新創企業，他們的總部位於加州艾瑟貢多，這個沿海城市比較知名的是精煉工業和嘻哈團體「追尋部落」（A Tribe Called Quest）的歌曲，不過，超越肉類仍是過去十年間第二大的公開上市新創公司。

伊森．布朗（和不可能食品的派特．布朗沒有任何親戚關係）是一名高大的前大學運動員，會到他家在馬里蘭州的農場度週末，擁有哥倫比亞大學的MBA學位，以及在再生能源產業工作的經驗，同時也是個純素主義者，想要證明「不需要動物就能製造肉」。他早先埋首在各種研究中，以便尋找能夠幫助他完成使命的科技，接著便在二〇〇九年創立了公司，原本是以家族農場命名為「Savage River」。

創業初期，布朗曾和食品科學家暨前馬里蘭大學教授馬汀・羅（Martin Lo，音譯）博士合作，他們一開始的主意是「素雞」，兩人想要複製雞肉中富有嚼勁的蛋白質纖維，但這並不容易，在馬里蘭大學校友雜誌的某篇訪談中，羅就曾提到：「第一代產品吃起來就像在啃輪胎。」

終於做出滿意的成品後，布朗花了無數時間在中西部的超市推銷他的樣本，「會有女人跑來問我說：『我是要怎麼讓我老公吃這個啦。』」我和布朗聊了很多次，當面和電話都有，他還在某次訪談中提到，他也會讓家人吃公司的產品，包括他青春期的兒子，根據他的說法，他兒子每個禮拜都會吃幾個超越漢堡。

超越漢堡經過多重加工程序，包括加熱、冷卻、加壓等，加壓會讓植物纖維變得緊實，用這種方式做漢堡只要花兩分鐘，養一隻活的動物則要花十四個月。時間長度對這些創辦人的環保大業來說非常重要，他們總是喜歡指出動物在把能量轉換成人類能夠利用的熱量上，是多麼缺乏效率，一隻牛需要二十三卡能量才能製造一卡熱量，雞則是最有效率的動物，只要九卡能量就能轉換成一卡熱量。

但效率的論述有個很大的問題，就是無法應用到植物上，菠菜要六個禮拜才會成熟，番茄則是要三個月，我們是不是正不知不覺走向這樣的未來，在這個未來裡的食物，製造速度都必須比傳統方式還快？會不會有一天，我們就會拒絕食用要花太長時間種植或製作的食物？

有關素食的爭論很明顯會持續發酵，因為有一大票公司都在推出自己的漢堡和雞塊，但是把這些東西稱為植物，就像把「Slim Jim」肉乾當成肉一樣荒唐。我這個類比可能有點誇張，但我搜尋 Slim Jim 肉乾的成分之後簡直是嚇壞了，在二〇〇九年的某期《WIRED 連線雜誌》中，就提到「先把家禽的殘渣丟進篩子中，機器會把這些肉渣壓成淡粉紅色的肉條，並留下骨頭（大多數時候啦）。」這和「類牛肉」看起來差不多，而且兩種產品都含有葡萄糖，這是一種殺菌原料，能夠讓細菌暫時「休眠」。此外，Slim Jim 還含有硝酸鈉，能夠防止肉品腐壞，不可能漢堡則含有維生素E和血基質，能夠讓肉品在烹調時保有粉紅色澤。

它們是不同的產品嗎？是的。它們的製造過程類似嗎？也是。

## 嚐起來如何？

在去年秋天之前，我就已經吃過不可能食品和超越肉類兩家公司的漢堡好幾次了，我在一間擁擠的酒吧和伊森．布朗一起吃了超越漢堡，漢堡排切成兩半，所以我能看見咖啡色的邊緣和粉色的中心，等到在平底鍋上發出嘶嘶聲時，馬上就擄獲了我的心。我大腦中的神經元和舌頭上的受器告訴我這很美味，但我的大腦和腸胃卻持續爭論不休，我喜歡超越漢堡，是因為這和所有漢堡一樣是垃圾食物，而且和上面淋的鹹鹹甜甜umami醬汁更是絕配嗎？經過加工的美味食物背後通常都有一個讓人警鈴大作的故事，沒錯，多力多滋很好吃啊，Twinkies蛋糕也很好吃，但我需要每天或每個禮拜都吃嗎？我很懷疑。

我們聊到漢堡時，「TheVeganRD」的金妮．梅西娜提到她昨天才剛吃了一顆不可能華堡，我非常驚訝，但這個素食提倡者對華堡沒啥意見，她愛她的華堡，但覺得這是不健康的速食。她表示：「我覺得華堡很棒很有趣啊，但這不是我的正餐，只是偶爾吃吃而已。」問題出在哪呢？為了回報投資者，這些公司需要用遠遠超過偶爾吃吃的速度，賣掉他們的漢堡。

當我在家裡用平底鍋煎超越漢堡排時，留下了一股濃厚的油味，花了好幾天才消散，我吃的時候隨意沾了一些狄戎芥末跟辣番茄醬，這是我最愛的醬料，確實有發揮效果，但超越漢堡排在腸胃裡感覺還是沉甸甸的，跟真正的肉沒什麼兩樣。當我在加州納帕（Napa）的「Gott's Roadside」點了不可能漢堡時，我一樣在端上桌的萵苣、番茄、美式起司裡加了番茄醬跟芥末醬，接著咬了一大口，不管眼見是不是為憑，這都是一個說服力十足的漢堡。

不可能漢堡和超越漢堡讓我驚豔的點在於質地，假以亂真的嚼勁，來自脂肪和纖維，許多人都認為這是我們在肉類中朝思暮想尋找的東西。比起古早時期沒什麼味道、糊成一團的素食漢堡，這些全新的植物漢堡是充滿說服力的替代品，它們非常鹹，而且口感豐富，椰子油和動物脂肪一樣可以帶來飽滿的油脂，我們會得到能夠刺激大腦的美味獎勵，大腦還會乞求更多。

基本上所有的新創食品公司，都應該向不可能食品和超越肉類鞠躬致意，感謝他們開啟了植物食品這條蓬勃發展的康莊大道，我也非常樂於看到這一切成真。現在我們已擁有各種傳統動物產品的替代品，包括牛肉、雞肉、魚肉，而且我們也有非常美國、非常白人男性的漢堡。未來我們會不會擁有先前根本無從想像的食物呢？在這個產業中會不會出現新的公司，提供我們擁有地區特色，能夠和不同文化及民族連結的食物，就像現在亞洲擁有的各種肉類替代品那樣呢？我拭目以待。

二〇一九年一月，不可能食品修改了他們的漢堡配方，把小麥換成大豆，這樣就能變成完全無麩質，廣告將其稱為「不可能漢堡2.0」，就像某種軟體更新一樣。二〇二〇年一月，他們在拉斯維加斯的「消費電子展」（Consumer Electronics Show）上推出了最新產品「類豬肉香腸」，根據《商業祕辛》（*Business Insider*）的報導，不可能食品為了製造「豬肉」，「調整了他們的血基質配方，以模仿豬肉的口感，而非紅肉。」所以現在不可能食品的血基質，不僅可以讓漢堡排從粉紅色變成咖啡色，還能讓漢堡排吃起來像牛肉，**甚至**可以改善口感？這聽起來好到不像真的。

回到實驗室中，研究團隊現在正在開發牛排的口感。

食品科技很早就已開始形塑我們所吃的食物，但現在的食科新創公司卻保留了大量的智慧財產權，這些智慧財產權來自他們多年來的投資，但他們卻不願意去申請專利讓資訊公開。我擔心這些公司不願分享是因為投資人的意願，保留私有的產品，即便這些產品可能只是日常食品。我對不可能食品的派特·布朗提出的問題，也是我對本書訪問的所有公司提出的問題，便是他們是否在意現今對公開透明的呼籲，或是新的科技只是在掩蓋食品的加工過程？但我對特定細節的追問，也就是那些我認為能確保他們正在努力追求消費者權益的問題，卻都沒有答案。

布朗向我保證，這也不是他想要的結果，「消費者必須知道他們買的產品含有什麼成分，我們保留的資訊並不是會影響他們判斷的東西。」後來，坐在布朗的辦公室中，他對我承諾只要他們爭取到合適的專利，他就會將不可能食品的祕密公諸於世。美國的專利申請程序通常需要花上兩年或更長時間，而不可能食品擁有超過一百三十九項專利在排隊。

要做出這些承諾都很簡單，但我還有更多問題，而我寄給不可能食品公關團隊的電子郵件都沒有回音，他們指控我是在揭他們瘡疤，挖洞給他們跳，公關長還寫信給我，「我開始懷疑我們的數據能不能以公平的方式呈現，而且是在最適合的脈絡下。」因為我詢問他們有關原料和製程的問題，不管我採訪什麼主題，我都會這麼做，是很煩沒錯，但沒有踩線。他們最後甚至還以為，因為我想知道工廠的溫度，所以我一定是想進行我自己的產品生命週期評估（life cycle analysis），拜託，就算我是擁有精密實驗設備和一群幫忙計算數據的研究生的科學家，這也是一個不可能的任務，遑論一個獨立記者。

在這些事發生之前，我和布朗和他的公關團隊一起坐在迷你會議室時，他還向我保證「我們也想公開製作血基質的程序」，但這到現在都還是商業機密，布朗可是保證他不會依賴這項技術，投資人也不會因為他分享這些資訊而撤回資金。布朗那天給我的最後一個承諾是：「我們不會賣比我們要取代的東西還爛的食物給消費者。」這又是另一句空口白話，在他拿出可靠的營養研究證明之前，根本沒人會信。

派特．布朗想要「把肉類當成一個困難的科學問題」，而他擁有幾乎無限的資金可以投入，我是不是希望他能拿這些錢跟他的專家團隊來研究糖尿病的療法，或是「巨食」的陰謀造成的肥胖呢？你說呢？我看不出來一顆經過超級加工的高熱量漢堡除了牛以外，是要怎樣拯救任何人，甚至拯救環境？我們過時的食物系統背後的架構仍是不容撼動，只是多了幾個新的素食選項支撐而已。布朗創造了一間矽谷版的「巨食」，一座高度工業化的機器，在全美各地的工廠大量生產植物漢堡肉，而且很快就會有更多工廠出現在中國、歐洲和更多地方。

第 7 章

# 垂直農場

- 你吃的青菜是演算法的產物
- 垂直農場史
- 是氣耕，不是水耕
- 主廚魅力
- 植物界的彩衣吹笛手
- 跟土地說再見

## 你吃的青菜是演算法的產物

「你從來不會聽到有人說：『我好愛羽衣甘藍的口感、我好愛嚼羽衣甘藍、我好愛羽衣甘藍的苦味』。」艾麗娜・佐羅塔莉娃（Alina Zolotareva）在我到「AeroFarms」拜訪她時表示，這是一座佔地七萬平方英尺的垂直農場，位於紐澤西州的紐華克（Newark）。還更慘呢，她表示，他們曾從顧客處聽到羽衣甘藍「很難」相處，「廚師必需先肢解甘藍，再切碎、浸泡、等待，或是來場超酸按摩，需要花超多時間、超多工時，而且非常、非常難。」

她說的對，不過這些現在都不重要了，羽衣甘藍是沙拉之王，你只要一天吃一杯羽衣甘藍，就能獲得纖維、抗氧化劑（特別是$\alpha$—硫辛酸）、鈣質、鉀、維他命K、維他命C、維他命$B_6$、鐵質，甚至還能獲得三克蛋白質，光是為了這些養分，我們就值得把羽衣甘藍當成毒品來吸。

事實上，我們也真的吃了非常多羽衣甘藍，除了出現在沙拉連鎖店一盆一盆的沙拉裡，這種頑強的蔬菜也出現在麥當勞的西南沙拉、「Chick-fil-A」的卡滋卡滋羽衣甘藍配菜沙拉、「Panera」的一款希臘沙拉中。但是這些羽衣甘藍卻不是來自像 AeroFarms 這樣的垂直農場，也就是通常位於都市、所有作物都在巨大建築物中生長的農場。

垂直農場在乎的不是成為麥當勞的供應商，他們在乎的是食品安全，幾乎不會有人類碰到這些蔬菜，此外，他們種的蔬菜更好吃也更新鮮，因為食物里程比較低。如果垂直農場成功的話，我們之後吃的就會是徹底砍掉重練的新版蔬果：更甜、更脆、更沒負擔的羽衣甘藍、又點辣又不會太辣的芝麻葉、不會冰一天就爛掉的豆瓣菜。大家都在說以後的飲食方式會變成量身打造，那麼想像有一天農場開始種植客製化的蔬菜，似乎也不是一件太異想天開的事，包裝上的廣告標語可能是這樣：含有豐富的鉀，可以降血壓！

不過垂直農場也有一些隱憂，在這些高度專業化環境生長的食物，會和傳統菜園種出來的一樣營養嗎？這個問題和營養密度，以及其他我們還沒完全了解的因素有關。精確一點來說，這種不需要土壤的新品種羽衣甘藍，和傳統在土地上種植的羽衣甘藍相比，對人體都一樣好嗎？農業科學正開始研究土壤中的微生物在人體營養扮演的角色，以及其和植物根部之間的重要互動。如果垂直農場真的成為種植生鮮作物的常態，過程中會失去什麼對人類生存有益，甚至可說非常重要的互動呢？

另外一個需要考慮的點，則是一旦有病原體進入室內環境，便會非常難控制。即便我們常常聽說農作物遭到召回，以及其後出現的汙染，特別是受大腸桿菌汙染的蘿蔓，我們卻幾乎不曾想像，萬一垂直農場受到大規模汙染，而必須召回數以萬計的作物，那會發生什麼事。雖然我們可以假設所有東西都必須經過徹底檢驗，才能離開農場，但同樣也可能還有其他數十種，甚至更多我們沒想到的因素需要評估。而這些再生能源佔比極低，高度依賴電網電力及昂貴化學肥料，並使用無數一次性塑膠容器，來量產高級植物的巨型工廠，又能有多環保呢？

## 垂直農場史

垂直農場並不是一夕之間發明，羅馬皇帝提比略（Tiberius）便是歷史上頭幾個希望在當季以外的時間吃到新鮮蔬果的人，因為西元一世紀時，皇帝的醫生告訴他應該每天吃一根小黃瓜來「治皇帝病」。這種常見的黃瓜含有百分之九十六的水分，醫生應該就是看上這點，不過其中也含有纖維，像是果膠，能夠促進腸胃蠕動。不管理由是什麼，要為皇帝全年無休種植小黃瓜，勢必需要改良農法，包括受到保護、能夠視天氣狀況在室內跟戶外隨意移動的花床，還要透過加入糞便這種天然肥料，在寒冷的月份提高溫度，如此便能增加植物本身的熱能，使其更早成熟，並收成更多次。

特地為一個人做這些事確實是有些大費周章，因此這些育種方法直到十三世紀初才開始流行，並傳播至歐洲及亞洲，以種植探險者帶回家鄉的珍貴作物，包括柑橘、檸檬、石榴、香桃木、夾竹桃等。這類溫室在義大利便稱為「植物園」（giardini botanici），和自然完全隔絕，能將熱氣困在其中，或是以人工方法加熱，不過仍是需要土壤及陽光協助。

溫室很早便開始流行，但是要一直到一九二九年，加州大學柏克萊分校的科學家威廉·佛德瑞克·葛里克（William Frederick Gericke），在《美國植物學期刊》

（*American Journal of Botany*）上發表他的研究後，才開始受到重視。葛里克一開始研究的是小麥，他發現只要把小麥放在桶子裡，並持續供給水、養分及大量的「陽光」，也就是每天連續十六小時照射植物莖部的氖氣燈，那麼小麥就能長得更快，最後他也成功用這種方法種植番茄和其他作物。從葛里克文章的標題〈水農法：一種作物種植方法〉（Aquaculture: A Means of Crop-production），便可看出他起初為這種非主流農法取的名稱，但當他發現漁業在十九世紀中期，就已開始使用魚菜共生（aquaponics）一詞後，便改用柏克萊同事建議的名稱：「水耕」（hydroponics）。

葛里克的文章發表後不久，未來農業就開始在世界博覽會上如雨後春筍般出現，一九三九年，各家公司在紐約的法拉盛草原公園（Flushing Meadows）展示了不同版本的未來，這是一個食物生產完全自動化的世界，沒有人會弄髒手。亨氏為了炫耀他們的番茄，建立了一座巨大的水耕花園，裡面有十英尺高的番茄藤，稱為「未來花園」，另一家現已倒閉的食品公司「Borden」，則是展示了自家的自動旋轉擠奶機。剛度過經濟大蕭條的美國農業部將重點放在推廣食品製造產業，展位上方掛有巨大的布條，寫著「人類＝化學物質＝食物」，杜邦在吹噓自己的科技成就上也不落人後，將他們的展覽叫作「化學的奇妙世界」。這類展覽是種休閒娛樂，現今沒有任何活動能夠這麼熱門，總計有將近四千五百萬人次參觀這場在法拉盛草原公園舉辦的世界博覽會，我的祖母便是其中之一。

我家有個相框，裡面放著一張黑白照片，照片中是我祖母和他父親坐在會場外合照，她穿著一件格子花紋的洋裝、白色長襪、皮革慢跑鞋，看起來非常年輕，和我記憶中非常不同，我印象中的她臉上長滿皺紋，頭上總綁著個灰色的包頭，我在想她有沒有看過任何一座未來花園，有沒有排隊購買通用食品（General Food）推出的冷凍食品樣本。我同樣罹患第一型糖尿病的祖父年紀輕輕便過世後，祖母繼續接受教育，後來成為景觀設計師，在她加州范紐斯（Van Nuys）的家中，種著最漂亮也最好吃的番茄。

一九七〇年代，室內農業逐漸取得一席之地，以便對抗科學家想像中的未來食物短缺，這是個警告意味濃厚的預言，在主流媒體上不斷出現，直到現在，同樣的恐懼依舊以類似的問題陰魂不散地徘徊：「到了二〇五〇年，我們要怎麼餵飽世界上的九十億人？」美國農業部一九七〇年代的一份報告，甚至為這種農業取了正式名稱：「環境控制農業」（controlled environment agriculture），該報告的作者，農業經濟學家戴那．戴林波（Dana Dalrymple），對溫室食物生產的前景非常感興趣。他概略介紹了這種產業的演進，以及環境控制農業該如何調控各式各樣的變因，包括溫度、光照、氣流、成分、栽培介質等，他寫道：「基本上，假如二氧化碳和光線都十分充足，那麼溫度越高，光合作用的速度就越快。」

即便現今的環境控制農業已經先進到完全出乎戴林波當年的想像，原理仍是差不多，先將種子種在隨便一種介質中，從椰子殼、稻殼到大麻甚至人造材料，種好之後，作物便會在溫暖封閉的環境中生長，並暴露在成長燈的光照下很長一段時間。和持續時間及強度不穩定的天然陽光相比，室內燈能夠創造持續的生長循環，也能依據種子的需求調整光譜，組合有無限多種。除了持續的照明，作物也會直接吸收營養液，以便獲得和戶外的土壤跟肥料相同的養分，不同作物也會需要不同比例的氮、磷、鉀混合物。此外，由於室內環境可以加速作物生長，因此室內農場和傳統農場相比，能有較多的收成次數，而且他們種出來的作物通常在產量和口味上也會比較一致。據說和用土地種植的傳統農場相比，某些室內農場的產量可以達到三百五十倍，這樣的數據肯定會讓投資人蜂擁而至，因此，溫室種植作物的前三名，分別是小黃瓜、番茄、各種香草，其實也不算太意外。

便宜的光照是環境控制農業近年蓬勃發展的主因，二〇一〇年，光照科技的改良及設備成本的下降，讓環境控制農業產業迅速擴張，同時也促使科技企業家投入農業，農業先前並不是一個輕易就能快速獲利的產業，機器人、人工智慧、電腦視覺、餵飽世界的願景，激起了這些企業家的興趣。不過環境控制農業能否改善食安、延長食品有效期限，並促進所有人的福祉，而非獨厚特權階級，仍是有待觀察。

即便ＬＥＤ燈讓垂直農場得以蓬勃發展，但是仍因以下兩個原因，成為企業最大的成本來源：支持永恆光照的電力，以及為了冷卻燈光產生的熱能所需的能量。植物在成長過程中會「呼吸」，這表示室內農場必須處理植物產生的濕氣，由於整個空間都充滿包得好好的植物，要控制其中的氣候相當困難，需要昂貴的暖通空調系統，以便使空氣流通並冷卻室溫。根據二〇一四年維多．曼德茲．普拉茲（Victor Mendez Perez）在普渡大學的研究估算，如果美國農業全面採用垂直農場的方式，那麼所需的電力將高達全美所有發電廠年生產電量的八倍。不過另一方面，和傳統的農業技術相比，垂直農場使用的水資源則可以減少百分之七十到八十。

因為室內農場相當依賴便宜穩定的能源，學者針對企業是否已經找到正確的形式及方法，將這種農法推廣到全世界，仍抱持懷疑態度，是要在當地的貨櫃中呢？還是在閒置的都市建築或巨大的工廠？這些地點都還有得討論。太空也是另一個完全可能的領域，NASA從二〇〇一年起便開始向太空發射幼苗，他們運用能夠自動調整水分及光照的簡易生長盒，成功在國際太空站內完成超過二十項不同的農業實驗，包括種植一種非常冷門的日本萵苣「水菜」（mizuna）。二〇一四年，第四十趟遠征的太空人種植的則是紅葉蘿蔓，冷凍後送回地球測試，到了二〇一五年的第四十四趟遠征，太空人就獲准種植及食用這種蘿蔓，爆雷警告：沒有人出現負面的生理現象。二〇二〇年，《植物科學前線》（*Frontiers in Plant Science*）期刊刊登了一篇和太空萵苣食安有關的研究，指出太空中種植的萵苣不含會造成疾病的微生物、和地球上的萵苣一樣營養、即便是在低重力高輻射的環境中種植，也沒有食安問題。不過雖然NASA對這種容易種植的作物非常有興趣，地球上種植的蘿蔓因為汙染遭召回的次數仍是非常頻繁，頻繁到讓垂直農場不願種植蘿蔓。

即便戴林波的報告是在將近五十年前寫成，他對環境控制農業的遠見，在今天依然適用：

環境控制的可能性，確實將頂級的溫室食物生產提升到和工業相提並論的層次，但這並不代表問題都已經解決了，根本還差得遠。雖然某些和天氣相關的不確定因素可以減少，卻只是遭其他因素取代，包括經濟上的不確定性激增、高昂的營運成本、無法預期的市場。問題根本沒有減少，只是換個方式出現而已。

隨著工業巨人持續注資，環境控制農業農場看似屹立不搖，但是獲利的速度其實非常緩慢，根據國際數據公司「Statista」的統計，二〇一九年垂直農場產業的市值約為四十四億美金，到了二〇二五年，估計將隨著有機食物的需求激增及都市密集的人口成長，達到一百五十七億美金，雖然所謂的有機食物對傳統農業來說，一直是個充滿爭議的標籤。但由於許多重要問題尚未解決，整個產業正在傾倒，許多垂直農場都出現周轉問題，路透社根據二〇一九年的法院紀錄，報導共有五百九十五家環境控制農業農場申請「第十二章」的保護，也就是破產。在更多農場擴大規模之前，世界需要哪種農場還有待觀察，巨型農場、中型農場、還是小型農場？更重要的是，這些進步最終能否為最需要的人帶來幫助？包括糧食不足、居住地區無法取得新鮮食物、或是可耕地面積極少的族群。

## 是氣耕，不是水耕

新創公司通常不太可能募到兩億三千八百萬美金的資金，所以我現在身處的地方，不該感覺像個新創公司，但是牆壁是磚造的，整體設計非常開放，廚房還有免費的食物，只缺幾個懶骨頭跟一台桌上足球機了。我來這裡是要試吃 AeroFarms 的蔬菜，即使他們在二〇一一年便已創立，目前仍只供應蔬菜。吃完莖部充滿水分、小巧的葉片略微彎曲的嫩甘藍後，我接著試吃了莖部較粗、葉片顏色較深、長得像湯勺的衣索比亞甘藍，輕如鴻毛的嫩甘藍吃起來帶有一股清甜，衣索比亞甘藍則是有點辣，後勁有點像胡椒，小白菜香甜又多汁，但是為了符合大眾需求種植的芝麻葉，則是沒有帶給我一如往常的愉悅口感。

AeroFarms 的室內農場無時無刻都在上演通常需要耗時數十年的植物育種，根據執行長大衛．羅森堡（David Rosenberg）的說法，光是去年一整年，他們的團隊就測試了將近一千種不同的品種。本章開頭對羽衣甘藍侃侃而談的佐羅塔莉娃，除了擔任行銷工作外，也是一個經過專業訓練的營養學家及超級味覺者（supertaster），這表示她的味蕾和一般人相比，對激烈的味道更為敏感。她遞給我小小一盆兩盎司的蔬菜幼苗，是他們為 Whole Foods 超市量身打造的，她說這些幼苗「營養超級密集」，採收的時間越短，營養就越高。我用手指捏起了三葉草形的小巧葉片，頭往後一仰丟進嘴巴，我有個朋友把這種食物叫作「鑷子食物」，就是昂貴的料理上桌之前，在最後關頭放上去點綴的精緻食材。

AeroFarms 的團隊成功找到了一種種植快速、容易採收的品種，僅僅十四天後，成熟的蔬菜就會出現在輸送帶上，準備送進切菜機中，機器會自動把蔬菜切成碎片，接著工人會將蔬菜放到冷卻輸送帶，以減緩植物的呼吸作用，並延長保存期限，最後再用人工包裝進塑膠桶中。但在亞馬遜擁有的 Whole Foods 超市簽下訂單之前，他們覺得應該要有更多紫色，AeroFarms 於是加入了紫色高麗菜的幼苗，在這個由ＩＧ掌控的世界，繽紛的色彩就是銷量保證。

AeroFarms 使用的是氣耕農法，代表幼苗不會種在土壤裡，甚至不需要任何介質，而是由機器直接種植在看起來很舒服的毯子上，這些毛絨絨的柔軟纖維是以回收寶特瓶製成，可以重覆使用，這是我非常欣賞的環保優勢，此外，為了促進植物生長，幼苗的根部還會泡在營養液中，這樣的配置便是第 8782948B2 號美國專利。我第一次看到植物根部時，不敢置信地猛眨眼睛，想確定自己沒看錯，根部又白又漂亮，和所有我看過長在土壤裡的根部都不同。AeroFarms 的塑膠花床又寬又長，上方掛著成排的ＬＥＤ燈，能夠根據光譜進行調整，在植物生長時改變光線，例如從紅光變成藍光，可以改變其口味、顏色、質地。針對哪種類型的室內農業用水最少還沒有定論，但是氣耕農場總是喜歡宣稱比起其他水耕農場，他們的用水量少了百分之四十，雖然其他人都說這個數據根本是在唬爛。

從布魯克林綠點（Greenpoint）的某個屋頂上發跡的室內農場「Gotham Greens」，也宣稱自己節省了大量的用水，他們的執行長維拉傑・普里（Viraj Puri）表示：「我們種的每一顆萵苣，用的水資源都不到一加侖。」在傳統農場每種一顆萵苣，可是需要消耗超過十五倍的水資源。Gotham Greens 的第二座溫室就蓋在布魯克林格瓦努斯（Gowanus）Whole Foods 超市的屋頂上，因此很難質疑他們產品的食物里程，完完全全就在消費者頭上幾公尺處。二〇一九年底前，Gotham Greens 已準備在全美的五個州設立據點，包括馬里蘭州、羅德島州、伊利諾州等，溫室面積總計超過五十萬平方英尺。

垂直農場種的蔬菜比傳統農場的還貴一點，每單位通常會貴上一塊美金，至少到目前為止，我還看不出來售價會成為鼓勵大眾多吃萵苣的誘因。如果 AeroFarms 可以處理種植過程中用上的許多科技，並成長到足夠的規模以壓低售價，**同時**在需要這種農場的地方建立農場，**而且**讓消費者在各式零售商店都能買到他們的產品，那麼或許 AeroFarms、Gotham Greens、及其他的環境控制農業就能夠重新定義農業。不過另一方面，我其實也不認為食物的售價應該降低，因為在生產每一口美味、營養的食物時，都必須付出許多努力和辛勤的汗水，我只是在想，或許能夠找到一種方式，讓這些背負高昂成本的新創公司，可以用不那麼高昂的價錢，販售他們美味的蔬菜，讓所有人都有機會可以嚐嚐？政府能不能讓每個想要的人，都能獲得「新鮮食物處方」[1]，也就是由醫生安排、並由健保支付的飲食指示呢？

大部分新創企業創辦人都告訴我，他們想改變大眾對生鮮食品的想法，我們不買蔬果的其中一個原因，就是因為這些東西很快就會爛掉。我在食品科技中非常感興趣的一個冷門領域，便是要如何讓食物遠離會造成腐敗的物質，包括天然氣體、空氣、濕氣等。位在加州聖塔芭芭拉的「Apeel Sciences」是這個領域前景最看好的公司，你可以在克羅格超市的酪梨、萊姆、蘆筍上，找到他們生產的食用塗料，蔬果噴上塗料後，便能比一般的生鮮食品再多保存個幾天到一週。塗料的成分是脂質和甘油脂，就是類似脂肪酸的東西，食物的果皮、種子、果泥中本來就存在。Apeel Sciences的執行長詹姆斯．羅傑斯（James Rogers）認為，只要和他們一樣的公司或垂直農場，能夠延長產品的最佳賞味期，就有可能打破民生用品公司對人類消費習慣的宰制，並減緩零食讓我們變胖的速度。

1「VeggieRx」計畫於二〇一九年在芝加哥成立，專門協助患有飲食相關疾病的病患，他們會從提供基礎照護的醫生及營養學家處取得處方籤，處方籤可以拿去換一星期份量的蔬果還有烹飪課程，新冠肺炎疫情使相關需求激增中。

## 主廚魅力

我在 AeroFarms 試吃時，他們的共同創辦人馬克・大島（Marc Oshima）就坐在我對面，如果我曾懷疑過他的公司能否成功，那也不是因為他們缺少熱情或努力，因為不管什麼時候，只要我在食品研討會碰到大島，他要不是在筆電上敲敲打打，就是同時在講兩支手機，他如果不是在工作，就是在工作的路上。

我埋頭在幾乎可說是現採的蔬菜中時，大島聊起美食界對他的產品有什麼想法，「我們從美食評論家、消費者、主廚得到的回饋是『我覺得我的味覺覺醒了！』」這個頂級消費者優先的想法，馬上讓我聯想到許多新創公司打進市場的方法：先說服名廚使用他們的產品，接著再往下游移動，到大賣場和超市，最後如果可能的話，再進軍十元商店或雜貨店。

二〇一四年，我第一次拜訪 AeroFarms 時，他們的農場還只有一座，位在原本是夜店的空間內，黑色的牆上塗著螢光顏料，幼苗雜亂無章地生長在白色的巨形支架間，我和團隊閒聊，之後一起吃午餐——現場準備的超大盆沙拉！那他們是怎麼從垂直農場變成大公司的呢？二〇一九年十一月，我再度回到紐華克，這次是為了參觀AeroFarms佔地七萬平方英尺的商業農場「羅馬街二一二號」，此地先前是煉鋼廠。我在建築內參觀時，看到各處都鋪滿了塑膠，以保護高聳的作物，AeroFarms想盡辦法利用空間，能種多少就種多少。但這裡大歸大，但最終還是會被另一座建造中的新農場超車，AeroFarms保證位在維吉尼亞州丹維爾（Danville）、佔地十五萬平方英尺的新農場，將會「改變農業」並提供「一如既往美味的安全食品」。要經營這麼大規模的農場，將會需要無數的工程師，不過應該大部分都是遠距上班，只需要九十二個人類農夫在現場負責種植及收成。

為了大規模農場的運作，AeroFarms的工程師正在努力設計演算法，來支持作物的生長循環，LED燈、營養成分、水分、收成時機等，靠著機器學習的力量，演算法將會隨著資料庫獲得越來越多資訊而逐漸改善。蒐集資料的過程便包括現場的人類農夫排除感應器的警報，像是塞住的水管、備用的養分、光線故障等，這是必要的回饋循環，但有一天將會宣告人類勞動的終結。演算法已經統治了垂直農場，而且當然都有申請專利。

我參觀農場前，必需先讓大島相信我對他的演算法沒有興趣，這是一種我無法一眼就偷走或理解的科技，我向大島保證，我不在意農場背後的程式碼，只是好奇這麼高度依賴科技的農場怎麼運作。比如每種蔬菜都有自己的演算法嗎？還是一種演算法給適合低溫生長蔬菜，另一種給適合較高溫的蔬菜？我的思路在各種可能性之間游走。大島微微一笑，沒有回答我的問題，而是告訴我蔬菜有潛力發展成八十億美金的產業，接著我們便結束參觀行程，開了兩英里回到羅馬街二一二號。

回程途中，我還是很餓，所以我偷偷拿了一些免費堅果。

## 植物界的彩衣吹笛手

「我喜歡這些產品，我其實覺得蠻好吃的。」山姆．摩甘那（Sam Mogannam）在我詢問他對自己販賣的「Plenty」蔬菜有什麼看法時，這麼回覆我，摩甘那是「Bi-Rite」的老闆，這是一個位在舊金山的精品超市小品牌，他們賣的所有東西都很高級，幾乎精緻到你捨不得放進口中。「我不是很認同經營垂直農場這類設施所需使用的大量能源，而且我對他們產品的營養成分也有點疑慮，不過我很喜歡能夠省水這點，還有產品的口味和品質。在種植蔬菜的可耕地越來越少的地區，確實日益需要科技的協助。」

我住在加州，雖然這裡熱到爆炸、野火肆虐、動不動就來個旱災，可耕地卻還不是我們的問題，根據加州食品與農業部的數據（California Department of Food and Agriculture），加州負責供應全美超過三分之一的蔬菜，以及三分之二的水果及堅果。但這也正是 Plenty 在灣區開店的**原因**，他們想要用極佳的品質來場直球對決，雖然這裡離矽谷和其蓬勃發展的就業市場有一段距離，但創辦人根本沒差。

Plenty 的職員名單中沒有半個農夫，不過有幾個人的職稱裡有「種植者」，這間公司位於南舊金山，就在機場北方，擁有三百名員工，而且還在持續成長，其中便包括許多工程師，有些是從特斯拉挖來的，還有佔比非常誇張的人資。要建立一個能在四面牆內開創農場的團隊，並不是那麼容易，Plenty 募集到的資金幾乎是 AeroFarms 的兩倍，共有五億四千一百萬美金，但他們花的時間更少，亞馬遜的大老闆傑夫．貝佐斯（Jeff Bezos）便是股東之一。他們樸素的辦公室沒有散發任何高級氣息，你會在一群高級工程師的會議中看見黃色的機器手臂，或是聽到一名員工討論葉片寬度、形狀、莖部長度、以及其他他們稱為「塞牙縫」的枝微末節，意思是有多少食物會卡在你的牙縫裡。我跟他們借廁所時，發現廁所擺滿了牙線跟漱口水。

我並沒有參觀 Plenty 的第一座農場「Taurus」，這座農場仍然需要人類，而且依舊負責生產他們大部分的蔬菜，他們當時的工程師主管帶我參觀的是幾乎全自動化的「Tigris」，我得先拿掉首飾，把自己塞進一件藍色纖維連身衣，再把慢跑鞋換成靴子，並戴上髮網。進去之後，我發現我們身處巨大箱形建築的一角，還有空間可以繼續向外擴展，我們從頭開始，種子會自動種在不是土壤的栽培介質中，以往農夫可能會興奮炫耀自己的土壤有多健康，但在 Plenty 一切都是專利，他們的栽培介質可能含有：無味的椰子殼碎片、珍珠石、泥炭土。黑色的盆栽在輸送帶上排排站，等著送進溫暖明亮的培養室，以促進作物生長，培養室確切的溫度則是「商業機密」，無可奉告，感覺就像八月的棕櫚泉。

踏進用厚重黑色帆布覆蓋的培養室前，他們給了我超大的黑色太陽眼鏡，以免我的眼睛因為裡面刺眼的白光受傷，鏡片顏色非常深，除了朦朧規律的光線外，根本很難看見任何東西，我拿下太陽眼鏡想偷瞄一眼，感覺就像在直視太陽。

在這個室內皇宮生長八到十四天後，植物再經輸送帶送到分配區，機器手臂會將植物挪到高度介於七尺至十三尺間的狹長支架上，每座支架可以容納四十到一百五十株植物不等。另一隻黃色的機器手臂則會把成熟的植物移到上方的輸送帶，將植物送進最後階段，能夠讓一些人力介入的成長室，如同擠滿新生兒的醫院，這裡也有一扇巨大的窗戶，能夠讓像我這樣的訪客見證初綻的新芽。

如果你上網搜尋「垂直農場」，你就會看到以下的經典畫面：ＬＥＤ燈映出粉紫色的色澤，支架和整體裝潢都是白色，小小的盆栽中綻放的，則是成排成排完美無瑕的蔬菜，這幅景象和傳統農場高度浪漫化的那種咕咕叫的雞跑來跑去爭食、肥美的紅蘿蔔從肥沃的深色土壤探出頭來、嗡嗡叫的蜜蜂則忙著在花朵間授粉，諸如此類的的浪漫場景完全不同。

《地底之豆》（*Lentil Underground*）作者、加州大學聖塔芭芭拉分校的生態農業暨永續食物系統教授莉姿・卡萊爾（Liz Carlisle），是傳統農業的大力擁護者，「我根本無法想像，無土環境能夠完美複製（傳統農業的）所有好處，我不覺得我們已經了解土壤中的微生物和作物的互動，對人體腸胃造成的影響。」

土壤還有另一名粉絲，對生態非常感興趣的加州大學舊金山分校教授戴芙妮・米勒（Daphne Miller）博士，她告訴我和富含微生物的土壤相比，植物待在無菌環境並不會比較好，「我們知道有機土壤會帶來差別，支持傳統方式種植最有利的論點，就是我們明明有一大堆土地可以種植食物，只是我們濫用了這些土地，用這些土地種植錯誤的東西而已。」

支持這些專家論點的長期研究還沒有出現，不過有越來越多醫生都開始推廣有機飲食，雖然使用化學肥料、種在栽培介質中的蔬果是不是等同有機，也還有待釐清就是了。其中一名有機推廣者便是麥克・葛雷格醫生，他用水楊酸來闡釋他的立場，水楊酸是世界上最普遍的止痛藥阿斯匹靈的有效成分，同時也是能夠舒緩發炎的植物營養素，在植物中的功能是防衛荷爾蒙，只要有肚子餓的蟲子靠近，就會增強其分泌，葛雷格醫生寫道：「灑滿農藥的植物沒什麼嚼勁，或許就是因為這樣，產生的水楊酸也較少。」這種能在蔬果中找到，對其沒有太多作用的營養素，能協助我們的身體抵禦發炎反應。

《英國營養學期刊》（*British Journal of Nutrition*）二〇一四年的一篇研究檢視了三百四十三篇經過同儕審查的有機食物研究，結果顯示有機植物會產生更多能夠抵禦害蟲的酚類及多酚，所以抗氧化劑含量也更高。研究者因而認為「和一般的蔬果相比，有機蔬果的抗氧化劑含量高出百分之二十至四十。」但垂直農場的創辦人並不在意所謂的系統健康，也就是認為我們所有的活動與飲食都會為身體帶來幫助的觀點，他們在意的是如何把人類從生產過程中排除，並降低生鮮食品的食物里程。

這個把所有傳統農業帶給人類的價值在建築物中複製的概念，似乎很難全盤理解，甚至還讓我們離食物和水的產地更遠了，此外，認為只要砸錢下去，什麼問題都能解決的美式投資文化，也加劇了我們和食物之間的距離。再生農業解決的問題，包括改善土壤、環境、動物福利、營養等，其實也同樣值得投資人關注，他們如果將商業長才應用在這些地方，或許也能獲得金錢上的回報，兩種方法都有各自的優點，而且都能運用在最適合的地方。

回到有機的爭議，艾莫隆．邁爾（Emeran Mayer）醫生也贊同有機食物的高多酚含量，能夠協助我們抵抗老化，他是臨床醫生暨腸腦菌軸研究的世界級專家，認為有機農業能夠促進生物多樣性，包括植物、害蟲、微生物等人類腸胃賴以維生的生物，要是我們破壞了這個循環，會發生什麼事呢？

Plenty 的共同創辦人暨科學長奈特．史托利（Nate Storey）在我們的訪談中，也承認傳統農場的重要性，「我們不是要和土地競爭，我們只是在彌補供需之間的落差，大家總想把我們的產業塑造成和傳統農業對抗，但這些都不是真的，可耕地正在縮減中，我們是在用不會為土地帶來壓力的方式，創造更多可耕地。」

再生農業並未傷害土地，甚至還協助復育土地，讓土地的氮氣不會流失，植物和昆蟲也都欣欣向榮，研究指出，採用這種方式，也就是對環境不會造成太多影響、產量豐富的農業，便能應付世界日益攀升的糧食需求。這種方法的重點，便是農場必需種植對輪作有益的豆類以及多年生作物，進而達成間作，也就是在一塊土地上同時種植多種作物。只要將上述因素納入考量，就能大幅降低工業化農業和有機農業間的產量差距，如果我們還能將農業津貼直接轉給這些對土地更為有利的管理方式，差距就能縮得更小。不過 Plenty 的史托利也有可能是對的，或許他的機械化蔬菜能夠相輔相成，一同改善生態系統也說不定？

不是所有大廚都和丹・巴柏一樣博學多聞，他在二〇一四年的著作《第三餐盤》（*The Third Plate: Field Notes on the Future of Food*）中，點出了食物系統的其中一個可能，一言以蔽之，風味。我們雖然還不是活在巴柏的理想世界，但這位大廚已經開始身體力行，他最近以「Row7 Seed Company」之名，推出了自己的種子，他的哥哥大衛則是負責經營食科創投基金「Almanac Insights」，並投資了我第二章介紹的真菌公司 Emergy Foods。不過即便如此，巴柏仍然沒有將科技當作人類的救贖，他告訴我「垂直農場在都市一定可以找到一席之地」，後面接了一句：但我不是垂直農場粉。

「錢都跑哪去了？反正不是用在打造健康的環境、充滿營養的食物、以及更為環保的農業系統就是了。如果他們沒有宣稱要拯救世界，我是沒什麼意見啦。我們現在食物系統和農業經濟是以災難般的方式運作，但是真的不需要這樣，有很多方式可以證明這點。」

我和巴柏談話過後，一直想起垂直農場版的羽衣甘藍，或許也是因為這和我最熟悉、幾乎每天吃、紮實、可口、深綠色的義大利羽衣甘藍不同，當然我吃之前也是要先肢解一番！我到 Plenty 拜訪時，一開始就是先試吃各種只能用人間美味來形容的蔬菜，我和負責種植的人、產品經理、品管團隊，一起坐在一間叫作「Amaranth」的小型會議室中，沒錯，這間會議室就是用不含麩質的圓形小莧菜籽命名。我們默默坐著，一路咀嚼各種測試用的芝麻葉，他們的團隊希望可以盡速決定產品能不能上市，後來覺得味道還是太淡也太水了。最後產品終於在二〇二〇年八月過關，Plenty 開始在四百三十間「Albertsons」超市供應芝麻葉和其他三種綠色蔬菜。

重型機具需要重新調整才能生產蔬菜，但在團隊組裝生產線的同時，開銷也在不斷累積，我不知道他們燒錢的速度有多快，可是一定非常驚人。除了南舊金山緊鄰的兩座農場外，Plenty 也在洛杉磯瓦茲（Watts）興建第三座農場，預計在二〇二一年稍晚開始運作，新農場佔地九萬四千八百七十五平方英尺，能夠容納更多成長室，並增加蔬菜的種類。此外，Plenty 的團隊透過銷售數據發現，洛杉磯人購買沙拉食材的速度是全美之冠，執行長麥特・巴納德（Matt Barnard）便表示「洛杉磯人很愛吃菜喔！」

簽下保密協定後，我獲准參加 Plenty 討論洛杉磯新農場的一小時會議，後來他們也表示我在本書提到會議內容沒問題。那時長長的會議桌旁大概坐著十幾個工程師，用連線方式參加的人更多，大部分都是男性，會議主題是新農場的光源設計，期間討論了三個不同的方案，分別評估利弊得失，包括燈具需要多少空間，以及燈具是要組裝好用貨櫃運來，還是要等運到再當場組裝。

如何使用光線，是高科技農場在分析數據時的重點，包括使用什麼顏色的光、相關反應、不同色光間的轉換、感應器和植物的回饋機制等，親身參與這類新設施的建造過程，讓我了解 Plenty 和 AeroFarms 之所以發展如此緩慢的另一個原因。史托利告訴我：「過去兩年間，我們的農場蓋了又拆、拆了又蓋，大概不下十幾次吧，但是我們每天都越來越好。」為了達成目標，團隊也常常在走回頭路，把某個東西往左移一公分，再往右移一公分，根據他們自己的說法，做對更多決定，公司就能賺更多錢。

雖然 Plenty 有很多資訊都無法公開，但比起其他新創公司，他們的受訪意願仍高出不少，其中便包括執行長麥特．巴納德撥給我的時間，每次我們談話時，他都會從塑膠容器取出自家的蔬菜當零食吃，在回答問題的空檔，巴納德會抓一把沒有調味的綜合蔬菜，捲成雪茄形狀，然後丟進嘴裡。他稱讚自家公司達成的成就，「我們將農場使用的能源降低了百分之八十。」這是透過「影響食物價格最重要的兩項指標」，也就是更高級的ＬＥＤ燈以及縮減大約百分之八十五的勞動工時所達成。那第三項成本指標呢？一次性的塑膠容器。

即便要在室內大量種植作物，需要處理這麼多雞毛蒜皮的事，巴納德仍相當確信 Plenty 會開始獲利，而且回報還會讓投資人滿意。我於是問他投資人要花多少年才能拿回他們投資的錢，他回答得很含糊：「當然是投資人覺得有吸引力的年限內啦。」我再次施壓後，他終於把範圍限縮到「總之不會到十年那麼久」。一般來說，十年正是投資人會重新考慮是否要撤資的時候，不過我覺得這對 Plenty 來說仍是個挑戰，因為 AeroFarms 到二〇二〇年正好滿十週年，但他們仍表示，除非按照計畫讓維吉尼亞州的工廠上線，不然還是無法開始獲利。

如果垂直農場可以用零污染的方式種植蔬菜，那麼我們就全都走運了。根據阿肯色大學（University of Arkansas）一項有關室內種植植物組織病原體的研究，一九七三年到二〇一二年間，蔬菜要為全美超過半數的生鮮食品汙染負責，為了繼續深入瞭解，我訪問了其中兩名研究者。目前在「藍色彈珠太空」（Blue Marble Space）科學研究機構負責室內農場教育及推廣的分子生物學家吉娜・米薩拉（Gina Misra）告訴我，要為她的研究蒐集資料有多困難，「我對美國的幼苗（種植者）進行了一項調查，但大部分的大型供應商都不願意回覆，讓情況變得非常困難，他們害怕競爭，也不想分享任何資訊，我覺得他們有點太偏執了。」

沒人想承認錯誤，到了這個階段，我們得知的大部分產品召回都是來自傳統的農場，但汙染的細節卻沒有公布，米薩拉表示，他們不願分享資訊，很大的原因是為了保護商譽及利益，「但在保護為我們提供食物的人的同時，我們要如何讓他們也負起該負的責任呢？」米薩拉提出了這個大哉問。

這是一個我不得其門而入的領域，我在替彭博社採訪新冠肺炎的新聞時，曾問一座位於佛羅里達州的垂直農場他們怎麼維持空氣品質，但他們只願意分享他們使用「巨大的空氣過濾系統，以排除空氣中的黴菌及真菌。」我繼續追問他們是怎麼「排除」時，他們表示「不方便提供這類細節」。一名傳染病專家跟我說，他們使用的很可能是蒸氣相關科技，並建議我去跟種大麻的人談談，他們應該會「更願意聊」。Plenty 的史托利則表示，他們用的是符合高效空氣微粒過濾標準（High-Efficiency Particulate Air），也就是 HEPA 標準的濾網，能夠有效阻擋百分之九十九點五的微粒汙染，包括病毒、細菌、黴菌等，但有沒有包括新冠肺炎的病毒就不知道了。

現在，我們只能祈禱種在室內的蔬菜是安全的，不過在疫情肆虐下，我認為接下來會發生兩件事：第一，企業往後必須分享更多食安相關的資訊，第二，即便人們在出外購物或在家煮飯時染疫的情況幾乎不存在，食安相關議題之後仍可能在聯邦法律中佔據重要地位。

食安之外，我一直都很關心的大問題則是：為什麼整個產業始終卡在萵苣上？我每天都吃沙拉沒錯，但世界上其他人也是嗎？大家都想吃沙拉嗎？室內農場從萵苣開始有很多原因，因為萵苣很好種，也很容易爛掉，透過縮短供應鏈，也就是直接在超市頂樓或使用都市裡的閒置建築種菜，垂直農場能夠提供你我更好吃的蔬菜。市面上大部分的蔬菜，都是從加州的冷藏貨車展開這場食物旅程，但這代表，舉例來說，等到蔬菜抵達俄亥俄州，已經放了好幾天甚至一個禮拜，想像一下，如果你的蔬菜只要下個幾層樓，或是過個馬路，那會如何？

如果我相信這些新創公司創辦人的說辭，他們能用LED燈和特定的營養成分來控制蔬菜生長，甚至能提高蔬菜抗氧化劑及多酚的含量，那麼確實會對我們的健康帶來很大的幫助。然而，他們同時也在改造蔬菜，蔬菜的纖維變少了，吃起來也不苦，許多蔬菜還變得更甜，「如果我們想要改變大眾的飲食習慣，如果我們想要大眾購買更多蔬果，那麼吃起來一定要很方便才行。」史托利曾經這麼說，他的最終目標似乎是要把蔬果變成零食。但我們已經走過這條冤枉路了，我們有太多的垃圾食物，因而墨西哥的瓦哈卡州（Oaxaca）日前宣布禁止販賣垃圾食物和汽水給十八歲以下的小孩，可說是一種光榮的勝利。而我們也已經走過追求糖分的冤枉路，現在所有食物裡面都有加糖，我們不需要在已經缺乏纖維的飲食方式中再減少纖維，我們需要的是更多纖維才對。

## 跟土地說再見

「我們過去一整個世紀從工業加工得到的證據，都顯示這是一條問題重重的路徑，不應繼續遵循，如果我們只是複製我們看見的好處，那麼我們就還是沒搞清楚問題所在。」生態農業學家莉姿．卡萊爾斬釘截鐵地說道，「白吐司就是一個例子，垂直農場會是二十一世紀的白吐司嗎？然後我們會說：『噢，我們好像忽略了某些重要的東西。』」和這些新創公司創辦人一樣，我也想要大家都吃蔬菜，不管用什麼方式，都代表朝正確的方向邁出腳步。但是我們是不是錯過了一個機會，能夠用大量的資金，來調整幾乎已經開始帶來幫助的現行系統，也就是我們的農場呢？如果目標是要餵飽更多人，那為什麼種植各類作物的方法依然是商業機密？

垂直農場讓當農夫成為工程師性感的新職涯選擇，但這對傳統農夫——我們食物系統的中流砥柱——正日漸凋零這件事，卻沒有帶來太多幫助，根據美國農業部二〇一七年的統計數據，美國農夫和農場主的平均年齡為五十七點五歲。如果我們依舊需要傳統農場來種植我們大部分的食物，但隨著地力逐漸耗竭，水質有時也會遭到汙染，又是誰要負責處理這些問題呢？矽谷很容易就受機器人和演算法吸引，但他們什麼時候才會把注意力放到人跟土地身上？

二〇一九年，康乃爾大學的植物學家和經濟學家合作，一同評估室內農場的可行性，該研究由美國國家科學基金會資助，提供了一些非常有趣的數據。其中最有趣的，便是他們發現傳統的種植方式，到目前為止都是成本最低的食物生產方式，不過此處的成本並沒有算進實際上比種植和採收成本還高很多的運輸成本。這項數據可能會讓你覺得，在離都市較近的地方建立小型農場，根本就不可能應付都市的食物需求。Plenty 的巴納德就曾說過：「根本就沒必要蓋一座更貴的農場。」但這正是 Plenty、AeroFarms、及其他大規模環境控制農業農場，像是 Bowery Farming 跟 BrightFarms 在做的事，BrightFarms 在二〇二〇年十月的新一輪募資中，募得一億美金的資金，使他們的募資總額突破兩億美金。這有點像是在傷口上（土壤健康）貼個ＯＫ繃，但卻不去看醫生搞清楚為什麼傷口無法癒合。

回到我主要的問題，種在室內的生鮮蔬菜，是不是和傳統種在室外的一樣營養又健康呢？Plenty 和 AeroFarms 都告訴我，他們的蔬菜和以前一樣營養，甚至還更營養，但卻都沒有和我分享相關證據。至於食安部分，我對室內農場裡面的病原體有些疑慮，食安專家通常將垂直農場視為「人造環境」，和傳統農場一樣非常難控制，只是要顧慮的因素不同而已，即便垂直農場應該會有更乾淨的水源，同時也沒有使用殺蟲劑，仍然有出事的風險。阿肯色大學的食安及微生物學教授克莉斯汀・吉布森（Kristen Gibson）就曾提及，他們正在思考各種風險和人類病原體在室內會怎麼演變，「問題可能出在水源、人員、垂直農場使用的種子、到各種不曾出現在傳統環境中的因素。在人為（環境）的情況下，雖然移除了殺蟲劑，但是還是有其他東西會造成傷害，你不能假設這樣就更安全。」

分子生物學家米薩拉則比較樂觀：「對我來說，沒有任何跡象顯示室內農業會比室外農業還危險，只是大家比較不瞭解室內農業而已。」另一方面，她也不覺得室內農業會擴張到更大規模，因為「大家又不是迫不及待要狂吃蔬菜。」即便如此，AeroFarms 和 Plenty 都已經開始種植測試用的聖女番茄和草莓，預計二〇二一年上市，草莓是種高經濟作物，因此這些室內農場會想開發草莓其實很合理，雖然草莓在加州本來就很好種了。此外，草莓也會需要授粉，這表示要在珍貴的室內環境引入蜜蜂，史托利表示他已經想到辦法來解決這道自然程序，我則是開始想像要製造機器蜜蜂來幫草莓授粉，得砸多少錢，還有怎麼有可能複製像蜜蜂這樣對我們的食物系統來說如此重要的東西，畢竟蜜蜂可是負責世界上百分之七十五農作物的授粉。

用科技解決農業問題，代表無法拯救土地並發揚我們的農業遺產，同時也忽視了世世代代在土地上辛勤勞動的農人。把羽衣甘藍搞得像糖果一樣人人喜愛，甚至把羽衣甘藍的麥當勞化，也不是拯救我們殘破食物系統的優先要務。我非常同意卡萊爾提出的三大問題：我們要從哪裡獲得蛋白質（植物或動物、工業化或在地化）？我們要怎麼減少食物浪費（我們種植的能量有百分之四十都在供應鏈的運輸過程中喪失，包括在我們的家中）？我們要如何用有效率的方式分配食物（我們種的食物夠多，但需要的人總是無法獲得）？比起尋找科技密集的方式來種植**更多**食物，解決這些問題更為重要，尤其是這些新種的食物，也只會提供給那些本來就有錢吃飯的人。

AeroFarms 和 Plenty 已經證明他們能夠在已開發國家擁擠的都市中實施室內農業，但如果我們深入檢視環境控制農業運作需要的條件：依賴工程師的農場、全年無休的供電系統、冷鏈經銷網路（保持食物新鮮的貨車）、源源不絕的塑膠包裝，就會發現這其實很不環保，而且這種方式也絕對不可能原封不動搬到撒哈拉以南非洲或印度大部分地區實施，一定會需要結構性改變。

即便如此，我體內那個總是渴求方便跟美味、就算食物是用塑膠包裝也無所謂的懶惰貪吃鬼，仍然常常會受到誘惑。史托利向我保證，Plenty 的番茄一定會讓我大吃一驚，「我是個番茄控，我們去年開始慢慢培育新的番茄品種，直到上個禮拜，我吃到了人生中最好吃的兩種番茄。」這些番茄聽起來棒透了，但我懷疑要賣多貴？而先前的蜜蜂問題，我曾經想像的機器蜜蜂，團隊也用一種不會生產蜂蜜的歐洲蜜蜂取代了。草莓很可能會吸引更多投資人，史托利表示：「外面種的草莓，吃起來確實有可能跟我們在室內種的一樣好吃，但是差別在於，我們一年三百六十五天都能生產這些草莓，而且每顆都一樣好吃。」

## 第 8 章

# 人造肉

- 太空牛排
- 滋味如何？
- 動機是什麼？
- 如何製作？
- 環不環保呢？
- 夠安全嗎？
- 結論為何？

## 太空牛排

太空旅行發展初期，太空人吃的食物類似嬰兒食品，想像一天三餐都吃蔬菜泥，就知道滋味如何，還有一道更可怕的太空餐點叫作「前菜的前菜」，裝在罐頭裡，看起來和吃起來都像貓飼料。另一種方式則是把食物做成球狀，這就是餵飽太空人最簡單的方法了，「太空人吃的是不是超奇怪的人造食物根本不是重點」，沃倫・貝拉史柯（Warren Belasco）在他二〇〇六年的著作《未來餐點》（*Meals to Come*）中如此寫道，直到他們營養不良、飢腸轆轆地回到地球，並說服NASA的食品科學家他們吃了什麼是真的有差，好吃的食物會給人帶來莫大的精神滿足。

二〇〇二年，在這趟追尋太空食物的旅程中，NASA資助了一項研究計畫，目的便是要「在試管中」製造可以吃的肌肉細胞，這個詞彙在實驗室的脈絡下，指的是在正常的生理環境之外製造細胞。一開始是培育金魚細胞，再來是火雞細胞，但最後整個計畫因為擴大規模的成本過高而遭到終止，也有可能是因為真的有點噁心。然而，金魚的計畫後來啟發了致力推廣細胞農業的非營利組織「New Harvest」，也促成人造肉最近開始入侵太空，二〇一七年創立、位於以色列瑞荷華（Rehovot）的「Aleph Farms」便和一間俄羅斯的新創公司合作，把他們的環保牛排射到軌道上。

二〇一九年，我在舊金山參加了一場人造肉論壇，並在提供五種堅果奶的茶敘上，認識了 Aleph Farms 的研發副總奈塔．拉豐（Neta Lavon），她和我分享了他們公司的故事，還有他們怎麼走到在太空中培育細胞。契機從一封來自「3D Bioprinting Solutions」的電子郵件展開，這是一間專營先進細胞組織工程的俄羅斯公司，電郵的重點：我們想把你們的肉牛細胞送到國際太空站，供生物列印機使用。我問拉豐，俄羅斯人為什麼選擇 Aleph Farms，她回答：「因為我們是唯一一間有辦法製造細胞組織的公司。」她的意思是他們有辦法製造肌肉細胞，而不只是一坨軟軟爛爛的東西。

Aleph Farms 成功將牛隻身上的天然程序分離出來，以便繁殖及製造肌肉組織，就像我們在健身房舉重，希望可以增強肌力一樣，這個突破非常重要，因為牛排本身相當依賴肌肉細胞和脂肪纖維的結構。靠著奈米科技的幫助，3D Bioprinting Solutions 開發出一種不需要有機或人造支架的列印方法，支架指的是維持細胞型態的結構，他們可以直接印出來。

經過六個月的電郵往返、保密協定簽署、法律諮詢後，拉豐的團隊終於飛往莫斯科，她表示：「我們想知道他們是不是認真的。」雙方聊了各自可以提供的資源，拉豐覺得很不錯，「他們有非常棒的科學家。」因此下個步驟便是把細胞運給 3D Bioprinting Solutions，拉豐將細胞保存在液態氮中維持其活性，連夜送往莫斯科，細胞一抵達，Aleph Farms 就和對方分享培養基以及必需營養成分的配方，以便讓細胞繁殖，和人類一樣，這些細胞需要胺基酸、糖分、脂肪才能生長。細胞在地球上平均需要二十四小時才會分裂，在太空中則需要更長時間，終於，雙方訂下了發射日期。

國際太空站是太空研究的重鎮，一天會繞地球軌道十六趟，其微重力實驗室供超過一百零三個國家進行超過兩千七百種實驗，每次最多可以停泊六艘太空船，各國使用太空站的時間是依貢獻的資金或資源分配，而和 3D Bioprinting Solutions 合作的俄國太空總署，二〇一九年總共分配到三個時段。細胞在秋天時便運往俄國租借、位於哈薩克南部的太空港，貝康諾太空發射場（Baikonur Cosmodrome），並於二〇一九年九月二十六日發射，由俄羅斯太空人歐列格・史克里波奇卡（Oleg Skripochka）接收，過程一路順利。

科技是多麼偉大啊！這又是個多棒的行銷策略和測試機會，Aleph Farms 的共同創辦人迪狄爾・土比亞（Didier Toubia）指出過程中的挑戰：細胞能夠承受發射嗎？溫度可以嗎，因為太空站的溫度介於攝氏十八度到二十六度之間？細胞在微重力環境下能順利生長嗎？下一個問題，太空人能在短暫停留國際太空站的這段時間中，順利在微重力情況下組裝好肌肉組織嗎？最後，他們能不能不靠任何土地和水資源，便在「史上最艱難的環境中」成功繁殖細胞？

一切都成功了，拉豐表示：「細胞在微重力環境下的表現一如我們預期，彼此互動非常容易。」3D生物列印機透過磁力來創造「細胞與細胞之間的連結」，並成功形成一小塊牛肉組織。即便在你我眼中，太空肉看起來其實不太像真的肉，只是一坨粉紅色的東西，距離放上平底鍋還非常遙遠，但對人造肉社群來說，就好像他們完成了月球漫步一樣。更重要的是，俄羅斯太空人還把這坨肌肉組織帶回地球供團隊進行後續研究，落地之後 Aleph Farms 便知道在他們的測試產品中該使用哪種科技了。肌肉組織成功登上太空，幫團隊朝他們的目標跨出了一大步，也就是在地球上研發一種不會產生廢料、在封閉流程中進行的循環製程。來自以色列的 Aleph Farms，希望這個製程能夠讓他們的薄牛排在二〇二二年底以前上市，或是二〇二三年初，眼前，一切都還在滾動式修正。

## 滋味如何？

回到地球，我手上這包東西看起來很合法，就像我會在超市買的商品一樣，品牌形象非常吸引人，特寫照片中是放在石盤上的烤雞胸肉，下方鋪著義大利羽衣甘藍，還有幾片紫色的洋蔥點綴。包裝上有個透明的窗口可以看到內容物：包在塑膠中的去皮雞胸肉，還印著「用來自加州的愛製作」，背面的營養標示欄位則列出各式原料，普通到你甚至不會多看一眼，海鹽、墨西哥煙燻辣椒、糖、大蒜，沒什麼特別的，除了第一種原料：人造雞肉。而且這確實是雞胸肉沒錯，只是不是從死掉的動物身上取得，而是由加州柏克萊的「曼菲斯肉品」在實驗室中用細胞培育，貢獻細胞的那隻雞可能還在某個農場活蹦亂跳呢。

曼菲斯肉品總部的二樓有個超巨大廚房，豪華程度堪比美食節目，迎接我的是食品科學家摩根．瑞斯（Morgan Rease），他留著嬉皮風的布魯克林鬍子，穿著一件圍裙，空氣中飄散著炒蘑菇的香氣，雖然我才剛吃完午餐，我的鼻子仍是一皺，嘴巴也開始自動分泌唾液。瑞斯問我：「妳有什麼不吃的嗎？」我的挑食清單本來就很短，不過在撰寫本書期間，我的座右銘可是「我什麼都吃」！

進來這間超潮廚房後，我和瑞斯又等了他們的執行長烏瑪．瓦萊提（Uma Valeti）一會，在投身食科革命之前，瓦萊提是一名心臟科醫師，當醫生也能拯救人命沒錯，但他的新志向是拯救更多人，並終結虐待動物，童年在印度生活的經歷，使瓦萊提對這個使命有非常強烈的情感。他在美國念完醫學院便開始執業，不過除了醫生的工作外，瓦萊提在明尼蘇達大學（University of Minnesota）還擁有一間實驗室，專門研究病患的通病：嚴重的心臟病。其中一種治療方式便是幹細胞，但瓦萊提開始思考，他能不能讓人類變得更健康，從我們吃的食物開始如何？這個想法逐漸在他腦中生根，直到有人介紹他認識腫瘤科博士尼可拉斯・傑諾維斯（Nicholas Genovese），傑諾維斯後來成了曼菲斯肉品的共同創辦人。最初的構想促使兩人決定拋下醫學生涯，投身高風險、未來不知道在哪裡的人造肉事業。

即便已經脫下醫師袍五年，瓦萊提仍保有醫生的氣場，謹慎、談吐合宜、充滿自信，讓他成為去找投資人敲門要一大筆錢的不二人選。現在所有人造肉公司聽到他們的產品被叫作假肉都有點尷尬，但在一開始，假肉聽起來還蠻酷的，大部分的投資人都會讓瓦萊提進門聊聊。話雖如此，曼菲斯肉品在他們的種子募資中，其實也僅募得三百萬美金左右的資金，瓦萊提表示，在他證明一切可行之前，「根本沒人想砸錢到這個產業裡」。他當時的遠見現在已經蛻變成一間員工超過六十人的公司，成員包括動保份子、環保鬥士、甚至肉食主義者，並努力想成為第一間推出人造肉產品的公司。

大部分的投資人對人造肉的未來都充滿信心，荷蘭公司「Mosa Meat」的創辦人馬克・波斯特（Mark Post）可說是帶起這股人造肉風潮的先驅，他在實驗室中鑽研人造肉培養超過十五年，無論是出自荷蘭式的小心謹慎，或是一路走來的失敗經驗，波斯特對人造肉的未來其實沒有太大信心。基因美食中心（Center for Genomic Gastronomy）出版的某期《怪食物》（*Food Phreaking*）雜誌中，便刊載了波斯特的文章〈試管肉是什麼？〉（What Is in In-Vitro Meat），他在其中提到，在實驗室生產可以食用的肉類，確實可能節省更多資源，但這個可能性還沒有被證明。另一方面，瓦萊提則是只提「向世界展示人造肉能成功」的迫切需要，他能夠做到這點，因為他擁有「實際的產品」和「大家喜歡這個想法的證據」。

我們前往會議室途中，瓦萊提停在廁所旁的牆上，描繪他們公司發展的時間軸前，對曼菲斯肉品來說，上面釘著的許多日期都是里程碑，包括公司創辦（瓦萊提認為他二〇一五年創辦的公司是世界上第一家人造肉公司）、他們生產的第一顆肉丸（二〇一六年以一千美金成本生產）、二〇一七年募得一千七百萬美金的 A 輪募資，這在當時是細胞農業史上募得最多的資金。

不像大部分的人造肉新創公司只專注在某種肉類上，曼菲斯肉品抱持開放的態度，並宣稱他們的實驗室能夠培養所有種類的細胞和組織。在他們佔地一萬七千平方英尺的總部中辛勤工作的科學家，曾培養出牛肉、美國人最常吃的雞肉、中國人最常吃的鴨肉，並提供給超過一千人試吃。

瓦萊提帶我走回廚房，瑞斯正從他的平底鍋倒出一小片雞肉，他把雞肉放在砧板上，以輕柔的動作切片，瓦萊提鼓勵我仔細觀察：「摩根在切（雞肉）的時候，你應該多多注意雞肉的質地，這切起來就像真的雞肉一樣。」

瑞斯身旁的盤子上，放著兩支盛滿醬汁的金色大湯匙，瓦萊提表示：「沒人在單吃雞肉的。」我心想，去跟那些健身巨巨說啊，他們可是你的重要客群。其中一個湯匙裝的調味料，能夠讓雞肉搖身一變成為酸辣檸檬一口雞，另一個湯匙則裝著雞肉沙嗲醬、花生醬、自製薑片，湯匙旁還放著一小片未經調味的雞肉，可以試試雞肉本來的滋味。我往下瞄了眼盤子，接著看向廚師，最後望著瓦萊提，他們的老臣暨公關長大衛・凱（David Kay）則在一旁拍照，在一群不眠不休地工作、試圖改善人類食物的人們面前試吃樣本，其實是個極度不舒服的工作經驗。

我切下雞肉，他們全都看著我。

瓦萊提是對的，他們的雞肉切起來的確像真的雞肉，我放了一小塊到嘴裡，吃起來和傳統雞肉一樣，蠻有嚼勁的，我的牙齒可以派上用場，我可以在嘴巴裡感受到肌肉纖維，但是這同時也很乾，少了我期待在一般雞肉中得到的多汁口感。瓦萊提向我保證，裡面除了含有肌肉纖維外也有脂肪纖維，可是我根本分不出來，肉本身有味道沒錯，但我嚐到的味道大部分都還是來自用來煎雞肉的油。他們後來告訴我，我吃的肉是從雞蛋細胞培養而成，又是那個老梗，蛋生雞嘛，但我很懷疑有多少人能夠接受？

我接著試吃的是酸辣檸檬一口雞，對那些無肉不歡的人來說，這實在超好吃，絕對比單吃還要美味好幾倍，雞肉的質地和奶油、檸檬、酸豆完美搭配，這時我想起之前在丹佛的 MycoTechnology 學過的試吃技巧，我在嘴裡嚼了一圈，讓味蕾有足夠時間感覺，也讓腦袋有充分時間思考。

我就像在錄《頂尖主廚大對決》（*Top Chef*）一樣，其他人都專心等著我的反應，我避開他們的視線，暗自希望我可以作點筆記，所以我一直說「哇」、「哇」、「哇」來拖延時間思考，最後我說：「吃起來很健康耶。」這大概不是他們想聽的，但百分之百誠實，最重要的是，他們成功做出了質地，這是所有類肉產品的必要條件，我再次重覆：「肉的質地超驚人，太讚了！」

我發現只有幾口可以試吃，讓我很難想像盤子裡的一整塊雞胸肉，不過瓦萊提跟我保證，他們有成功做出「全雞」，而且常常舉辦試吃，最近一次甚至還找了上百人來。他表示很多大廚吃過，還告訴他：「我現在就可以上這道菜，而且這還會是我們菜單裡最柔嫩、最好吃的東西。」我試著想像湯瑪斯・凱勒（Thomas Keller）和愛莉絲・華特斯（Alice Waters）等名廚會怎麼料理這塊肉，華特斯在她的加州美食聖殿「帕妮絲之家」（Chez Panisse），可能會把雞肉抹上羊肚菌醬，並和烤紅皮馬鈴薯及炒瑞士甜菜一起上桌，不過人造雞肉應該會淪為美麗蔬菜的配菜。凱勒則可能用舒肥的方式處理這塊雞肉，搭上用不甜的葡萄酒、骨髓、奶油、蔥熬煮的波爾多醬，並把雞肉擺在枯萎的箭葉菠菜和南特紅蘿蔔上。

我回到現實中，思考人造肉能否成為頂級餐廳的佳餚，比如感恩節大餐好了，但卻越想越不可能，華特斯只會接受她認識的農夫供應的肉，而且就算是樂於嘗試的凱勒，也必需絞盡腦汁思考該怎麼把這道菜放進「The French Laundry」的菜單中，這是他位在加州揚特維爾（Yountville）的米其林餐廳。菜單上可能會寫著「曼菲斯肉品的人造肉」，或許「人造」這兩個字會更有噱頭？但服務生還得跟客人解釋，這間公司其實是位在柏克萊，而不是曼菲斯，而且他們雇的是科學家，不是屠夫。

不過比起不切實際的用餐體驗，如果人造肉新創公司把目標放在餵飽所有人呢？這樣他們就可以找到更接地氣的料理方式，像是在譚雅．霍蘭德（Tanya Holland）主廚位於加州西奧克蘭的「Brown Sugar Kitchen」餐廳中做成酪奶炸雞，或是到紐約哈林區的「Field Trip」，讓ＪＪ．強森（JJ Johnson）主廚做成烤雞胸沙拉。

主廚的接受度在這波未來食物風潮中非常重要，只要在知名餐廳供應曼菲斯肉品的產品，有了主廚的加持，就會讓這些食物取得正當性，雖然這還沒發生啦。瓦萊提告訴我：「我們其實覺得產品差不多可以上市了，但我們還是一直找到改進的空間。」說完之後，他便掏出手機，插上耳機，開始講電話，凱帶我去找下一個受訪者。

## 動機是什麼？

信不信由你，但我和矽谷的新創公司創辦人聊天時，金錢通常是他們最不想討論的東西，二〇一九年出版《肉食星球》（*Meat Planet*）的作者班哲明．阿爾德斯．烏爾加夫特（Benjamin Aldes Wurgaft）也和我有同感：「我一直想要（採訪）那些願意承認他們想發大財的人，大家總是想把道德需求和行銷需求結合，背後的基本動機可能是終結動物虐待，但也很有可能是金錢報酬。」

和我一樣，他也覺得很多新創公司創辦人都很真誠，他們會指出動物權利的道德困境，已開發國家的肉類需求穩定升高，為了滿足這個習慣，我們將會需要屠殺越來越多動物。但從道德觀點上來看，數量完全不是重點，吃一隻和吃一百萬隻一樣有罪，事實上，二〇二〇年全世界共有三百六十億隻動物因食用遭到屠殺。瓦萊提說他很早就停止吃肉，因為他想要一個良心過得去的辦法，但我們現在的方法並不是。新冠肺炎讓全世界度過了漫長的一年，人人都擔心自己的健康，專家指出疫情爆發和我們食用動物的習慣有關，因此所有能夠防止野生動物棲地持續遭到破壞的措施，都值得慎重考慮。

創辦人待辦清單的下一項，則是工業化農業有多不環保、對環境有多不好，以及飼養動物做為食物的超低轉換率，把農作物當作飼料餵食動物，以生產人類所需蛋白質的投資報酬率非常低，可說是種「效率超低的技術」。最後，創辦人會提出一個被講到爛的數據，就藏在下面的問題中：「到了二〇五〇年，我們要如何餵飽全世界九十億人？」由於可耕地漸減、年輕人對農業不感興趣、蛋白質需求激增，這些創辦人因而認為，要拯救這顆星球和人類，人造肉可說是第一要務。

轉換成更健康的飲食方式需要很多努力，在「Eat Forum」和《刺胳針》（*Lancet*）醫學期刊合作，所發表的報告《地球健康飲食指南》中，來自世界各地的科學家建議我們加倍攝取水果、蔬菜、堅果、豆類，不過更困難的或許是他們還建議我們減少超過百分之五十的紅肉和糖類攝取量。這群科學家表示，只要遵照上述建議，就能「同時達成健康和環保的目的」，其中一名科學家布蘭特．洛肯（Brent Loken）博士也表示，如果我們再不改變，生產食物的碳排放量預計到二〇五〇年就會加倍，「只要三十到四十年，和食物相關的碳排放量便極有可能讓世界的氣溫突破升高攝氏一點五度的大限，並在二一〇〇年前讓這個數字成長到攝氏兩度。」

上述的看法獲得廣泛接受，「我們能夠為了自己的健康調整飲食，但一方面卻又忽略地球健康的這個想法，只會造成一個顯而易見的結果，那就是人類滅絕。」耶魯大學「耶魯—葛瑞芬疾病預防研究中心」（Yale-Griffin Prevention Research Center）的創辦人大衛．凱茲（David Katz）博士這麼說道，他著有數本營養學書籍，同時也是飲食管理APP「Diet ID」的創辦人。

二〇一九年，我的ＩＧ動態充滿亞馬遜雨林大火的照片時，我就知道這會被所有我訪問過的新創企業創辦人拿來大作文章，《紐約時報》把這場大火稱為「生態縱火」，農場主竟然放火燒掉世界上最大、生物多樣性最豐富的雨林，所有人都氣炸了。如果人造肉那時已經上市，那麼廣告想必會夾雜在大火的照片間，一起在我的ＩＧ上出現。

不過雖然人造肉還在新創階段，植物肉卻早已上市，你應該很難找到任何吃過超越漢堡或不可能漢堡的人說很難吃，其他公司也爭相推出他們的產品，隨著植物版本的漢堡肉、培根、豬肉越來越進步，真的還需要研發人造肉嗎，更何況研發過程還困難重重？

新創創投公司「Fifty Years」的賽斯・班農（Seth Bannon）是曼菲斯肉品的初期投資者之一，班農長期以來都是純素主義者，從二〇一四年開始就一路觀察整個產業的演進，他把瓦萊提放在「拓荒者」那類，就是「覺得現存食物系統已經沒救的死忠信徒」，隨著植物肉和人造肉新創企業獲得越來越多資金，班農希望兩者都能成功，「我們對植物肉信心爆棚！」雖然也不是說產值會成長到一百倍那麼誇張，班農同時認為人造肉表現也會很好，「兩個產業都很有機會出現數十間市值超過一百億美金的公司。」

雖然我覺得只要我們能夠做出更健康的產品，植物肉會是比較簡單的解決方式，班農卻認為植物肉和人造肉都很有吸引力，「一方面來說，植物肉進度比較超前沒錯，它們已經上市，已經建立一些合作關係，消費者也很滿意。」但就像一個想看到所有小孩都成功的父親一樣，班農覺得在某種層面上，人造肉也算是領先，「如果你讓大廚在超越肉類、不可能食品、曼菲斯肉品間選擇，他們會說曼菲斯肉品比較接近消費者想要的東西。」問題何在？太貴了。雖然有些人能夠在接下來一或兩年內，就在舊金山的知名餐廳點到烤人造鴨肉串，但要在超市的肉品走道上找到調理包，可能還需要好幾年。

曼菲斯肉品創立初期，潛在投資人看了創業計畫後，覺得根本就是在寫科幻小說，班農雖然抱持相反的觀點，但仍是很少人願意投資，接著，二〇一九年五月二號，他們的植物肉競爭對手超越肉類在紐約證交所掛牌上市後，大眾就像發瘋了一樣砸錢[1]，使得投資人終於開始覺得人造肉也能幫他們賺錢。二〇二〇年一月，曼菲斯肉品結束了B輪募資，共募得一億六千一百萬美金，並收到從四面八方飛來的投資條件書，也就是新創公司和投資人間的初步文件，因此他們可以翹著腳慢慢決定要和誰合作，並把落選者掃地出門。

植物肉和人造肉看似彼此競爭，但兩者其實想解決相同的問題，那就是工業化

1 超越肉類當天在那斯達克上市時，每股價值二十五塊美金，中午過後不久就飆到每股四十六塊美金，收盤時則是每股六十五點七五塊美金，成長率為百分之一百六十三，使其成為二〇〇〇年後，市值超過兩億美金的公司中，公開募股獲得最多資金的公司。

農業對環境造成的破壞，而且人造肉新創公司也很可能會採取折衷的方式，同時使用細胞組織和植物蛋白質來製造食物。事實上，位在加州聖萊安德羅的「Artemys Foods」就正在這麼做，他們想要製造混合式漢堡，因為漢堡是美國最普遍的食物。Artemys Foods 的共同創辦人傑西・克禮格（Jess Krieger）告訴我，就算只是在一般的植物漢堡裡加入百分之十的細胞組織，也能「大幅提升口感」。和其他合成生物學的信徒一樣，過去十年都在這個領域工作的克禮格和另一名創辦人約書亞・馬屈（Joshua March），都相信這個折衷辦法能夠加快他們拯救世界的速度，馬屈表示：「要改變大多數人吃肉方式的唯一方法，就是提供他們真的肉。」

這樣的折衷方式甚至連傳統的肉品工業都開始採用，包括加入蔬菜的雞塊以及含有蘑菇和米飯的牛肉漢堡，雖然他們的理由可能全然不同，像是減少自身受到的衝擊、節省成本、在植物肉風潮中大發利市等，但整體架構仍相當類似。

「Good Food Institute」的執行長布魯斯・佛德瑞克（Bruce Friedrich）也想看到兩個選項都成功，這個二〇一五年建立的非政府組織，可說是這波素食風潮中的生力軍。以下是真實故事：二〇〇一年在白金漢宮一次爭取動物權益的抗議上，佛德瑞克曾在小布希面前裸奔。他花了數十年時間試圖說服大眾拯救動物，現在則是希望用和傳統肉類一樣棒，甚至更棒的食物來哄騙我們。佛德瑞克表示：「吃肉行為絕不可能消失，所以我們必需做出更好的肉，我們必需用植物做，或是用細胞培養。」

Good Food Institute 起初是由「Mercy For Animals」出資，後來則由個人贊助，像是長期擔任奇異公司（General Electric）執行長的蘇西．威爾許及傑克．威爾許夫婦，以及臉書比較沒那麼有名的共同創辦人達斯汀．莫斯科維茲（Dustin Moskovitz）等。Good Food Institute 除了出資支持人造肉和植物肉等肉類替代品的研究，也在華盛頓進行遊說，並和立法機構合作為變革鋪路。佛德瑞克告訴我他的「春秋大夢」是有一天能看到政府投入巨資，研發不受專利保護的肉類替代品，如果是中國政府來做這件事，那他會更高興，「如果中國政府成為那個從地球上抹除工業化肉品的政府，他們以後就可以瘋狂吹噓了。」佛德瑞克這個長期的純素主義者也創辦了營利的私人創投基金「New Crop Capital」，並投資數十間新創食品公司，馬克．波斯特和烏瑪．瓦萊提都是 Good Food Institute 的顧問。即便來自政府的巨資不太可能成真，投資人的資金仍是蜂擁注入蓬勃發展的食物產業，其中很大一部分都是因為佛德瑞克。

## 如何製作？

在實驗室中培養動物組織的歷史已有數十年，不過開始製造食品則是要等到二〇一三年，馬克．波斯特創立的荷蘭新創公司「Mosa Meat」，製造出世界上第一顆人造漢堡，這顆漢堡的成本是三十三萬美金，當時該公司表示「從牛隻身上取得的一份樣本，就能培養出足夠生產八千顆四盎司牛肉堡的細胞數量。」實情遠比聽起來還要複雜，從動物身上直接取得的活體細胞又稱細胞株，其實繁殖的次數有限，不過可以透過複雜的技術使其變成理想的版本[2]，也就是所謂的「不死」細胞株。這個幾乎可以說是素食的細胞株版本，是每個人造肉新創公司努力的目標，同時也

2 幹細胞就屬於這類不死細胞株，這也是為什麼幹細胞在醫學研究中如此重要的原因。

是最大的挑戰，再來一則真實故事：Artemys Foods 使用的細胞株是來自一頭名叫「未來」的公牛，本尊在俄亥俄州的某座農場過著逍遙的生活，克禮格表示其基因非常完美，而且「牠的細胞非常強壯」。

就像 Artemys Foods 在作的事，要在實驗室中培養肉類細胞，你就得從農場開始，第一步是在活體動物身上進行「切片」，也就是用看起來介於鋼筆和針頭之間的切片工具，取得一小管細胞，人體切片也是用這種方式進行，雖然不到非常痛，但絕對不好玩，而不像你我，動物可沒辦法抗議這道程序。

培養人造肉的其中一個挑戰，便是找到正確的初代細胞，最棒的選擇是從肌肉組織取得的幹細胞，幹細胞在體內能夠促進肌肉成長，在體外則可以透過「基因工程」繁殖，對新創公司來說，培養要成功，細胞就必須能夠不斷繁殖，最好是可以永久維持。找出這些初代細胞，或說細胞株後，就能進行標示與分裝，並儲存在攝氏負一百七十點五六度的液態氮中。為了繁殖，細胞會放置在含有養分和生長因子的培養基中，生長因子通常會是血清，也就是血液中清澈的液體，或是胎牛血清（fetal bovine serum，FBS）。

生科實驗非常依賴來自牛隻胚胎血液的胎牛血清，這種血清非常昂貴，製藥公司或許可以負擔，但食科研究和量產就不用說了，一定負擔不起。胎牛血清含有白蛋白，這是一種構造簡單的蛋白質，還有少許胺基酸、糖分、脂質、及荷爾蒙。而且因為胎牛血清來自牛，大家聽到都會眉頭一皺，還記得本書提到（和沒提到）的新創公司創辦人幾乎都是純素主義者這點吧，不過還有其他原因，那就是新產品的供應鏈必須建立在一種更容易取得、也更便宜的原料上。但是現在暫時還沒有出現和血清一樣，能夠大幅促進細胞生長的替代品，人造肉新創公司正在努力，可是目前尚無太多公開資訊，而且學界之外的人士，也很少願意合作及分享資訊。如果人造肉產業夠幸運，那麼New Harvest贊助的其中一項非動物細胞培養研究計畫，可能很快就會有突破，而且這個非營利組織很樂意分享資訊。

光是要製造出一小塊肉，新創公司就必需在稱為生物反應器的鋼槽中培養出數以兆計的細胞，鋼槽容量從一公升到十萬公升不等，曼菲斯肉品使用的則是他們所謂的「培養槽」，擁有客製化的內部設計以便擴大生產規模。如果一切順利，肌小管細胞就會變成肌肉細胞，不同的肉類產品，像是牛排和絞肉好了，會需要不同的支架來讓細胞攀附，你甚至可以把你自己身體的骨骼想像成一個細胞專用的巨型支架。加州大學的生科教授艾美．羅瓦特（Amy Rowat）就從 Good Food Institute 取得一筆資金，正在研究能夠讓人造牛肉形成紋理的支架，她表示：「脂肪對質地和口味來說非常重要，我們的目標是要研發出能夠讓人造肉形成紋理的支架，在肌肉中就能看見交織的脂肪。」羅瓦特的實驗室正在研發的支架，不同區域會擁有不同硬度，因為脂肪需要比較軟的細胞，肌肉細胞則需要較硬的纖維。

New Harvest 不僅提供羅瓦特的實驗室資金，也資助了其他和結構相關的研究，其中一個研究甚至正試著用菠菜解決問題，你能想像有間新創公司在你的肉裡偷渡菠菜嗎？

針對細胞的營養來源，我有非常大的疑慮，但當我建議這些新創公司，消費者可能會想要知道他們的人造肉是怎麼來的，我得到的回應要不是「我們不能分享這類細節」，就是「也沒人知道他們吃的動物吃什麼飼料啊，這還不是一樣？」即便我實在不太同意，但我也知道這只是誇張的說法而已，我鍥而不捨繼續追問後，得到了這個答案：「和活的動物需要的東西一樣啦。」

動物需要的東西和人類一樣，包括必需胺基酸、脂肪酸、碳水化合物、維他命、礦物質、水，此處的重點是碳水化合物的優良來源，這是所有生物都需要的燃料，可能來自穀類、植物中的澱粉、或是和砂糖一樣簡單的東西，食物越精緻，通常都含有越多種養分。處理完養分後，新創公司下一個要決定的則是如何提供能夠刺激細胞生長的化學訊號，如果要在製造荷爾蒙，例如胰島素的過程中，排除動物或人類的參與，那麼將會需要非常高昂的成本，同時也得用上基因改造，這又是另一個人造肉新創公司的絆腳石。

培養的肉類細胞能夠成功存活，不會死去，直到收成的時刻到來，這又是另一項試煉，科學家會監控溫度、水分變化、氧氣、養分、酸鹼度，整個過程大概耗時一個月，當「肉」收成或遭到「宰殺」後，成長的過程就會停止。最後，這些來自動物的肉類細胞就能用來做成你我桌上的佳餚，這個階段包含基礎的加工步驟，我們現在已經見怪不怪，像是調味、塑形、烹調等。

我的下一個採訪對象是曼菲斯肉品的食安副總艾瑞克·舒茲（Eric Schulze），我坐下來準備採訪他時，舒茲承認他每個週末都會手工煙燻自家的肉類，他告訴我：「我不打算放棄吃肉，我清楚理解自己的作為，而且我想贖罪，這就是我的動機。」舒茲是個高大的紅髮男子，斬釘截鐵吐出的字句就像雷射線，我不小心把他們的產品稱為蛋白質時，他還糾正我：「肉比蛋白質還要複雜非常多，我們製造的是細胞組織，是肉，不是蛋白質。」

舒茲以前在美國食品藥物管理局服務過，愉快聊起他之前在聯邦單位的時光，於是我問他，針對人造肉的食安問題，消費者應該要知道什麼？

他回答：「比方說有間麥片公司，開始用更有效率的機器生產更好吃的玉米片時，他們不需要在包裝上標示『本產品是由速度快上十倍的玉米片製造機製造』，這沒有違法，因為產品本身和原先的一樣，包括營養、口感、外觀等，人造肉也是一樣的道理。」這實在是一個太過簡化的說法，我要求舒茲再多講一點，他接著說：「只要他們覺得這是正確的，那這個國家中所有的食品製造商，都可以自由揭露他們想讓消費者知道的產品資訊。」他覺得告訴消費者曼菲斯肉品的肉品是人造肉有其價值，因為這樣就能指出其中的優點，像是細胞生長的無菌環境，以及沒有使用抗生素[3]等等。舒茲也提到，即便公司還沒有決定他們的資訊要公開到什麼程度，他們仍對「自行揭露製造方法保持開放態度」。

針對這點，相關學者的看法則是較為強硬，在一場有關消費者對人造肉接受度的演講上，公益科學中心的生物科技計畫主持人葛瑞格·傑菲（Greg Jaffe）就告訴與會聽眾：「我們有大架構，但沒有細節。」我們不但**沒有**細節，還有一大堆可以用來製造替代肉類的方法，包括基因改造、基因工程、基因複製、發酵等。傑菲從他位在維吉尼亞州麥克連（McLean）的自家辦公室，對線上參與「工業化人造肉論壇」的所有聽眾表示，所有產品都應該要經過獨立的認證，而且產品標示必需「真實、中立、提供足夠資訊」。

但是在食品中，「真實」的定義因人而異，像是甘草糖的包裝上宣稱「不會變胖」，但甘草糖的成分明明全都是糖，「足夠資訊」一詞也可能受不同公司的解讀影響。我必須很遺憾地告訴讀者，在我為本書進行的許多訪談中，我都發現不存在

3 二〇二〇年九月，在未來食物科技展的一場線上論壇上，烏瑪·瓦萊提表示「人造肉在減少未來的傳染病上，扮演重要角色。」至於肉品生產過程使用的抗生素，他則表示曼菲斯肉品「希望不要使用抗生素」，但是相關技術還未經過測試，規模也不夠大，所以這並不是個保證。

所謂的公開透明，而且很難不讓這點加深我的種種疑慮。

## 環不環保呢？

大規模量產人造肉將會需要大量的水、能源、農作物，但缺少新創公司提供的確切數據，我們也無法確定究竟要耗費多少資源，生產一公斤的人造牛肉，所需的自然資源，會比生產一公斤的牛絞肉還少嗎？加州大學的學者A．珍奈特．富山（A. Janet Tomiyama）及羅瓦特等人在二〇二〇年的文章〈解析人造肉科技的大眾迷思〉（Bridging the Gap Between the Science of Cultured Meat and Public Perceptions）中便提及一項有趣的數據，理論上從一隻牛身上取得一份細胞切片，就能在一個半月間生產十億顆牛肉漢堡，傳統農業要做出同樣數量的漢堡，則需要十八個月和五十萬隻牛。而世界上有超過百分之九十的人口吃肉，這三十幾間人造肉公司真的能夠成功做出所有人都滿意的食物嗎？

現在先讓我們回到我之前提出的問題，我們是不是應該專注發展植物肉，而不是人造肉呢？根據牛津大學的喬瑟夫・普爾（Joseph Poore）二〇一八年有關降低食物對環境影響的研究，「光是全球的飲食習慣從肉食轉為素食，就能抵銷預期中世界人口成長帶來的能源需求。」從碳足跡的角度來看，劍橋大學的阿薩夫・札克爾也指出，如果所有人都改吃素，溫室氣體排放量就能降低百分之四十九。

雖然工業化農業也要為大量排放溫室氣體負責，溫室氣體排放量的第一名卻是運輸業，根據二〇一九年美國環保署的報告，運輸業佔全美溫室氣體排放量的百分之二十八點七，第二名是能源業，百分之二十七點五，第三名是工業，百分之二十二點四，再來才是農業的百分之九。即便農業佔比近年逐漸攀升，但和十年前相比仍是減少了百分之二，全球農業的溫室氣體排放量則佔百分之十四點五，不過這可不是什麼值得慶祝的事，我們還是需要更環保的系統。

傳統農業會排放全部三種溫室氣體，包括二氧化碳、甲烷、一氧化二氮，人造肉排放的則幾乎全是二氧化碳，來自發電廠消耗的能源，表面上來看，這個事實會讓我們覺得人造肉一定比較環保，但牛津大學的約翰・林區（John Lynch）及瑞蒙・皮耶亨伯特（Raymond Pierrehumbert）針對人造肉和牛隻對氣候造成影響的研究，卻證實「每單位人造肉的溫室氣體排放量，均比每單位的牛肉還高。」所以先別這麼快下結論。

研究者一開始提到：「人造肉對全球暖化的影響比牛隻還少」但「該差距會隨時間逐漸縮小，而且在某些案例中，牛肉生產對暖化帶來的影響還**遠低於**人造肉，因為（甲烷）排放不會累積，不像（二氧化碳）。」二氧化碳就是人造肉排放的主要氣體。對人造肉來說，要變得比傳統肉類更環保的最佳方式，就是要確保生產系統全都仰賴再生能源，不然再生能源比重至少也要很高。曼菲斯肉品已經在柏克萊總部附近租下生產設施，正如火如荼設計及建造負責生產我們全新食物的生產系統。

林區和皮耶亨伯特也警告，在其他肉類上的情況更不明朗，特別是轉換率比牛肉高很多的雞肉，意思是當我們把農作物拿去餵雞，雞便會把飼料轉換成體重，這等於我們攝取雞肉時獲得的熱量，生產一盎司的雞肉需要零點七七公斤的飼料，生產一盎司的牛肉則需三點零八公斤。如果我們要在這些蛋白質來源中，挑出一個真正的拯救氣候冠軍，那麼就一定是生產效率極高的植物類雞肉，只要用簡單的植物就能做出「肉」，不過雖然我們現在已經擁有假的雞塊，但是假的雞胸肉、雞屁股、雞腿短時間內都還不會上市。

新創公司對創投基金、天使投資人、消費者的行銷話術清一色都是他們的產品將會拯救世界，但亞利桑那州大學（Arizona State University）未來社會創新學院（School for the Future of Innovation in Society）的助理教授克莉斯蒂・史派克曼（Christy Spackman）卻指出這類想法的謬誤。「我覺得人類並未從歷史學到教訓，工業化讓地球的情況越來越糟。」我們一開始讚揚的工業化，也造成了現今的問題，例如排放有毒不環保廢料的擁擠農場。史派克曼認為，當務之急應該是在人造肉開始工業化量產之前，考慮其原料背後的供應系統，還記得工業化規模是每間人造肉公司朝思暮想的目標吧。

《肉食星球》的作者烏爾加夫特則認為，看到大眾對工業化肉品的需求降低固然是件好事，但他希望這是來自大眾在擁有足夠資訊的情況下做出的選擇，而不是透過政府的干預或市場壓力，「我覺得對大眾抱持信心相當重要，要相信人們有能力為自己做出選擇。」

我和烏爾加夫特一開始是在推特上認識，二〇一七年才在麻省理工學院的「New Harvest 論壇」上見面，他當時在該校擔任訪問學者，我最喜歡這個髮型狂亂、戴著眼鏡的作家的一點，就是他不是食品圈的人，他沒有幫新創公司工作，也不是投資人，他吃肉，他不會得到任何好處，烏爾加夫特是個歷史宅兼哲學家，談論人造肉時不會有吃動物就是該死，或是吃素救世界這類武斷的偏見。

## 夠安全嗎？

人造肉和我們在家中少量製作，拿去小農市集販賣的家常菜可說是天差地別，人造肉沒有這麼精緻，你能想像在小農市集的摺疊桌上看到一小塊標價一千美金的雞肉嗎？人造肉公司要做的是讓產品直接從實驗室進入量產階段，試著把成本壓低以便吸引大量的顧客，只賣給有錢人還不夠，但是在成本「夠低」，以讓一般人負擔得起，甚至比廉價牛肉還更便宜之前，人造肉還是只能待在有錢人的餐桌一段時間。為了達成這個目標，人造肉公司必須發展一套前所未見、可以擴張的生產系統，並且大幅降低這項劃時代產品的生產成本。

雖然我們距離在超市大量販售人造肉肯定還要一段時間，數間美國公司已聯手建立了「肉品、家禽、海鮮創新聯盟」（Alliance for Meat, Poultry and Seafood Innovation），來幫助人造肉產業的發展，成員包括曼菲斯肉品、Just、Fork & Goode、Finless Foods、BlueNalu、Aremys Foods、New Age Meats。由於該組織的目標是促進美國的相關法令鬆綁，因此目前只限美國公司加入，不過前提是要先繳得出五萬美金的入會費。

法令限制可說是人造肉產品上市前的頭幾號阻礙，其他阻礙還包括消費者接受度和培養基，食科新創公司甚至會在產品完成研發之前，就開始和美國食品藥物管理局打交道，這幾乎已成了普遍現象，同時也是執法機關想要的結果，不過這些協商通常都是閉門會議。獲得法律許可非常重要，需要付出巨大的努力，包括監督、檢驗、命名、標示等不同層面，管轄權也相當複雜，美國農業部負責監管肉品，包括牛肉、雞肉、羊肉、豬肉，以及食品標示，美國食品藥物管理局則監管其他所有事務，包括魚類，但不包含鯰魚就是了。這表示人造肉公司必須在兩個以難合作出名的主管機關間奔波，此外，雖然還沒正式拍板定案，但美國農業部和美國食品藥物管理局目前計畫共同擔負監督責任，瓦萊提注意到：「他們了解這是食品產業科技化的一大機會。」美國食品藥物管理局會負責管理科學和魚類的部分，美國食品藥物管理局則負責在上市前檢驗除了魚類之外的產品。另外，美國農業部進行例行食品抽檢的經驗相當豐富，但美國食品藥物管理局並沒有，等到人造肉的生產隨著巨大的生物反應器無止境地繁殖數以兆計的細胞如火如荼展開，美國食品藥物管理局可能只會一時興起過去看看情況而已，這對消費者來說可不是什麼好事。

不少圈內人都覺得一旦美國批准人造肉，世界各國也都會跟進，有些人則認為其他食品法規比較寬鬆的國家或地區，像是香港、新加坡、日本等，可能會是最方便的突破點。對美國食品藥物管理局來說，檢查潛在的細菌、病毒及其他生物媒介感染非常重要，但身為一個預算捉襟見肘的政府機構，美國食品藥物管理局有辦法一一拜訪這些食品工廠，並對相關科技有透徹的認識，以便評估嗎？烏爾加夫特表示：「除非你有一座完全無菌的設施，還有一間清潔室，而且生物反應器是由機器人操作，不然總是會有遭到汙染的風險。」不過這其實也有些好處，像是高度精密的生物反應器可以即時檢查，甚至可以使用遠端評鑑，因為所有資料都存在雲端，相較之下，工業化農場通常戒備森嚴，而且肉品包裝場的職業安全，隨著新冠肺炎疫情期間爆發的許多醜聞，可說每況愈下。我們總覺得有很多保護措施，包括法律和實際層面，但是這些措施到底去哪了？

就連在美國食品藥物管理局負責監督醫療用組織培養的專家，也將發展中的食品級肉類監管視為棘手議題，美國食品藥物管理局的消保官傑瑞米亞．法沙諾（Jeremiah Fasano）便表示，即便傳統肉類和人造肉很像，仍有其他安全疑慮需要考量，像是不同的次級原料，也就是促進細胞生長的特定化學物質，以及生產過程中產生的代謝物，包括中間產品、副產品、細胞「呼吸」完剩下的物質等，生長中的活體細胞會產生各種代謝物，法沙諾表示：「我覺得如果說生物製程比較複雜，那也是非常合理的。」

另一位抱持相同看法的專家則是北卡羅來納州大學（North Carolina State University）的禽類科技教授保羅．莫茲賈克（Paul Mozdziak）博士，他提及擴大規模的挑戰，和烏爾加夫特的擔憂類似：「（實驗室）傳遞過程的每個程序，都有可能受到汙染、包括細菌、微生物、病毒等。」從此處便可看出抗生素的強大誘惑，抗生素是工業化農業遭受劇烈抨擊的原因，而且許多專家都認為抗生素對全球健康帶來的傷害，甚至遠超氣候變遷。雖然高科技環境的安全程序力求滴水不漏，但其實很大程度還是取決於員工細心與否，莫茲賈克表示：「在細胞培育過程中，大部分的汙染都來自人員，某個人在某個程序上出錯，而且通常非常難追蹤。」

除了汙染外，還有另一個值得深思的議題，因為這些細胞都是自行繁殖，但當複製的量大到數以兆計，就有可能產生基因變異，雖然不是一定會發生，但還是有風險。在二〇二〇年的《億萬商機人造肉》（*Billion Dollar Burger*）一書中，馬克．波斯特便告訴作者蔡斯．帕迪（Chase Purdy）這是一個有可能出現的「風險」，DNA每經過一次複製都「可能產生基因變異」，這會產生不穩定的細胞，同時成為新創公司量產人造肉時的挑戰，雖然他們聲稱吃下這些基因變異的細胞，不會對人體健康造成影響，但我們還是不要輕忽比較好。

然而，各式巨大的災難，仍可能會讓我們接受人造肉，而暫時忽略食安疑慮、病毒感染、「科學怪食」等種種擔憂。二〇〇一年，英國爆發的口蹄疫造成超過六百萬隻牛羊遭到撲殺及火化，二〇一九年非洲豬瘟襲擊中國，撲殺的豬隻數量為世界之最，二〇一九年底，新冠肺炎先在中國爆發，接著快速散播至世界各地，據傳這種病毒的源頭來自當地的肉品市場，許多人則怪罪我們持續剝削脆弱的生態系統，貪婪取用土地畜養牲畜以供食用。二〇二〇年即將結束，新冠肺炎仍迫使我們只能待在家中，生活的樣貌也永遠改變。

人造肉不像醃漬物一樣可以在自家廚房中ＤＩＹ，我們在乎我們吃的食物已經遠超我們的理解了嗎？我們全部改吃豆腐或天貝會比較好嗎？頻繁攝取紅肉很可能會對人體造成傷害，有些研究甚至指出工業化牛肉中含有的血基質可能致癌，雖然天然放牧牛肉含有不同的血基質，但也沒有相關研究佐證其對人體的影響。天天吃人造肉會對我們的身體帶來相同的傷害嗎？還是科學家可以成功改造細胞，降低其中的飽和脂肪及膽固醇？還有好多好多問題可以問。

## 結論為何？

「我覺得大部分的消費者只想尋求最好吃的東西。」布魯斯・佛德瑞克說道，我們身在舊金山市區的一間高檔飯店，分別坐在超大會議桌的兩端，「如果他們喜歡食物的味道，而且價錢又合理，我不覺得有很多乳製品消費者會死命堅持牛奶一定要來自乳牛。」這時是二〇一九年九月，我和佛德瑞克正在參加Good Food Institute的植物肉暨細胞肉年會。佛德瑞克先前在善待動物組織（People for the Ethical Treatment of Animals）及「Farm Sanctuary」這類動保組織擔任過管理職，可說是個死忠的動物權益促進家，但是即便他的立場總是堅定的和動保站在一起，大型肉品公司，包括Purdue、泰森、JBS等，現在也能來參加他舉辦的論壇。話雖如此，在為期兩天的行程中，他們只供應來賓好吃的素食料理，我每一樣都有試試，包括一道好吃的炸雞，擁有說服力十足的擬真肌肉纖維，超Q的，這是來自我在第三章提到的Worthington Foods，他們是植物肉的先驅之一。

食物好吃固然會帶來幫助，但是薩克其萬大學（University of Saskatchewan）的彼得・史萊德（Peter Slade）在他的研究中提出了這個假設性問題：如果下列的漢堡吃起來全都一樣，價格也都一樣，你會買哪個？有百分之六十五的消費者選擇牛肉漢堡、植物漢堡百分之二十一、人造肉漢堡百分之十一、百分之四的消費者則是都不會買。

上述數據為後續的可能和猜測提供了依據，這些彼此牴觸的概念，是不是創造了一個根據不同消費能力劃分、更加苛刻的食物階級系統，就像我們現在擁有的不公平架構？針對需要方便的客群強力推銷，加上垃圾食物的低廉價格，將會讓那些最需要食物的人，健康反而更為惡化，這個情況將會持續存在。接著我們碰上了疫情，而遭受最嚴重衝擊的，便是這些最弱勢的社群。

未來創新專家史派克曼在《石板》（*Slate*）雜誌的一篇文章中便提及，人造肉「將會擾亂親身感受食物來源所帶來的親密感，並使其不斷變化。」我們要怎麼教導後代子孫環保意識？讓孩子理解蘋果是長在樹上，而牛隻的價值遠不只是牠們能夠提供的細胞，這有多重要？史派克曼「熱愛食品化學」，以及「把食物拆解再重新組裝」的無限可能，但這一切都要付出代價，使我們和食物的來源漸行漸遠，而且人造肉也不可能就這麼把動物從世界上完全抹除，史派克曼表示：「這就是邏輯不通的地方，牛還存在，也參與這個循環，還擁有免疫系統，屬於改造地球過程的一部分，但卻不再是人類的食物來源。」

人造肉也很有可能走上河馬的老路，二十世紀初期曾大力鼓吹把河馬當成即將到來的蛋白質危機的解方，但這場危機當然沒有發生。在二〇一三年十二月二十八號發行的《連線》（*Wired*）雜誌中，《美國河馬》（*American Hippopotamus*）一書的作者約翰．穆倫（Jon Mooallem）便詳述要應付肉類短缺，還有其他「現成的主意」，包括進口羚羊和興建鴕鳥農場等。「基本上有一大堆方法，但最後還是得回歸當地食物系統的合作，這是一個非常『麥可．波倫式的想法』。」穆倫寫道。

但現實並非如此，我們沒有獲得河馬，而是得到非常依賴特定動物的工業化農業，讓肉類價格變得低廉，連帶使我們的食慾大爆發，同時也讓生物多樣性豐富的小型農場，變成只種少數幾種作物的大型農場，大部分都是玉米、大豆和小麥。

在我們等待人造肉上市時，還是有一些行動可以幫助我們收復失土，包括好好照顧我們現有的農地、改善土質、支持再生農業、注重生物多樣性及農作物的恢復力。如果你吃肉，那就去買天然放牧的肉品，以支持當地或區域性的再生農產品，購買碳封存草場出品的肉品也能加分。總之想辦法有效運用我們的資源，減少食物浪費，可以把食物給需要的人，而不是直接丟掉。最後，慢慢把飲食方式從肉類中心調整成植物在前。

瓦萊提曾正式提到等曼菲斯肉品的工廠開張，他很樂意邀我去參觀，身為一個美食控，只要有任何可以一探究竟，看看食物到底是如何製作的機會，我都不會錯過。我喜歡去工廠參觀，這總讓我想起小時候和我爸一起去參觀藍鑽（Blue Diamond）杏仁工廠，機械和生產線的效率讓人大開眼界。但人造肉工廠則完全不同，想像站在那邊試著和你八歲的好奇寶寶解釋巨型鋼槽的原理和裡面的東西，這可以是非常讓人興奮的對話，科學家找出在鋼槽裡種肉的方法了！但也可能是一則警告訊息，因為許多年前我們吃的是真的動物，或許曼菲斯肉品還可以在工廠旁邊弄一座小型農場給孩子參觀，他們可以學牛哞哞叫、學雞咕咕叫、學鴨呱呱叫。當然，有一天我們也可能必須跟孩子解釋農場是什麼，很久很久以前，我們曾在戶外的土地，種植我們吃的食物。

第 9 章

# 你買單嗎？

- 賺錢還是健康？
- 發酵論述
- 美乃滋的故事
- 真假大對抗
- 「巨食」的行銷祕笈

## 賺錢還是健康？

對環保主義者、五寶媽、名導詹姆斯·柯麥隆（James Cameron）的老婆蘇西·艾米斯·柯麥隆（Suzy Amis Cameron）來說，要選擇哪條路非常明顯，八年前柯麥隆夫婦看完紀錄片《刀叉下的祕密》（*Forks Over Knives*）後，便在一夜之間成為純素主義者，後來更處理掉所有和他們新的生活方式相悖的投資，包括關閉一間位在乳製品王國紐西蘭的酪農場，並將其改為有機農場。蘇西·艾米斯·柯麥隆告訴我：「我打從心底深處希望所有人都是純素主義者，這樣對環境會更好，是個三贏的局面。」我這本書裡有很多純素主義者。

我和柯麥隆是在「食物未來2.0」（Future of Food 2.0）的活動上相遇，素食新創公司在舊金山濱海區附近某個擠得水洩不通的 WeWork 場地舉辦試吃，後來柯麥隆也參與了素食新創相關論壇。除了紐西蘭的農場外，柯麥隆夫婦還在加拿大薩克其萬投資了一座種植及加工豆類的設施，另外，為了讓更多人了解豆類的好處，柯麥隆也創辦了「One Meal A Day」食品公司，在她眼裡，心態比金錢更重要，如果所有美國人一天吃一餐素，為期一整年，就會達成「把兩千七百萬台車子熄火」的效果。拯救這顆星球勢在必行，「我們都必須明白我們要為環境做點什麼，如果我們居住的星球消失了，那不管是開電動車、住大房子還是活得健康都沒有意義。」

這個針對哪樣「東西」更重要的討論，是我們的健康還是我們的星球，一直以來都是個問題，根據非營利組織世界自然基金會（World Wild Fund for Nature）的調查，兩者都一樣重要。世界自然基金會在新的報告中更指出「世界各國的飲食習慣改變如何減少對食物系統造成的負面影響」，改變我們的飲食習慣，以及我們種植、處理、配送食物的方式，便能增進我們的健康和地球的健康。針對科技對食物造成的改變，世界自然基金會的首席全球食物科學家布蘭特．洛肯認為一切都很有潛力，他表示：「我只是不確定到底有多少潛力，我很懷疑科技食物能發展到造成巨大改變的規模，但是……我們又不可能預知未來。我們必須從健康和環保的角度來檢視人造肉，我們不能說因為人造肉生物多樣性比較高，溫室氣體排放量比較低就更好，如果這個東西對你的身體不好，那就是個大問題。現在有很多公司在推銷植物漢堡，但其實植物漢堡不一定比真的（肉類）漢堡還健康，必需要健康又環保才行。」

我也想要健康又環保，但是健康的順位應該要更前面才對，健康非常重要，卻時常遭到忽略，甚至排在賺錢後面。因為我有第一型糖尿病，我必須時時保持謹慎，了解我吃的食物到底含有什麼成分，可是我畢竟還是個人，當我不小心鬆懈，被標明低碳低加工的食物欺騙，我幾乎是馬上就會嘗到生理上的後果。除了這些因素之外，我是個白人，而且我有錢到小農市集買菜，並在家裡做健康的料理，身體出問題的時候，也可以傳電子郵件給我的新陳代謝科醫生，我的特權無庸置疑。但對美國許多負擔不起健康的食物、無法在家煮飯、或找時間閱讀相關研究的勞工階級來說，一切會有巨大的差別，這些人因為食物系統中的階級不平等，很可能會面臨生死交關的風險。

食品產業的主要目的是要賣東西賺錢，而不是提供健康的食物，我們在超市中購物、點進IG上的廣告、塞爆我們的線上購物車時，最好牢牢記住這點。雖然現狀可能會稍稍改變，包括改變食品原料的嘗試，像是移除添加物和人工食用色素，降低糖分和鈉含量等，現狀仍舊是現狀。實例如下：我們身邊依舊充斥各式各樣的汽水、糖果、零食，即便大家早就都知道這些東西對人體有害，行銷策略仍是繼續獵捕弱勢族群。

我決定開始撰寫這本書時，就知道我想花時間思考新創公司是用什麼方式推銷他們的食品，他們會用什麼廣告，還有，既然離開始賺錢還有點距離，那他們的（其他）主要目標是什麼？這些新的食物製造的目的是為了要拯救地球、拯救動物、或是拯救「巨食」帶給我們的糟糕飲食習慣？

除了崇高的理想外，食品新創公司還必須要提供好吃、方便、便宜的產品，想要更多讚？那就把成分標示清楚。但是要把價格壓在所有人都能負擔的程度，或把原料賣給那些同樣想壓低成本的公司，都很困難。和製藥產業相同，唯有透過**寬鬆的法令**，新創食品才會砸大錢研發產品，但完成創造「新食物」這個艱鉅的任務還不夠，要用和原先產品相同或更低的價格販售，代表新創公司必須擴大規模，以應付消費市場的需求，並在接下來數十年發展市佔率。

但這一切意義何在？是為了氣候、動物、還是人類？和我聊過的專家十個有九個都興奮地表示是為了拯救氣候變遷，因為這和我們的食物系統直接相關。亞利桑那州大的未來創新專家克莉斯蒂·史派克曼便表示：「問題並不只是出在我們吃太多肉而已。」為了扭轉這個趨勢，我們必需從根本上改變我們看待這個問題的方式。「我們只是試著用科技解決我們創造的問題，而不是去面對問題（的根本）。」但用說的當然很簡單，史派克曼認為，人造肉公司傳遞給我們的訊息，就是殺害動物是錯的，但「那個論述只在**那個**價值體系有用而已。」用人造肉拯救地球還有更多問題，像是把食物分解到分子層面，覺得我們能夠移除所有無關的物質，而且還不會有負作用，有可能嗎？但這是個好故事，而且有助行銷，「這讓更多人發大財」。

拯救地球，停止屠殺動物，幫已經很有錢的投資人賺更多錢，在這些事情的交會處，我們還要好好照顧自己。

## 發酵論述

食物中的許多味道都來自微生物，光是酵母菌家族就有大約一千五百種不同的細菌，不過只有一小部分運用在食品及飲料產業中，我們喜歡啤酒、紅酒、起司、優格中的菌類，但是除此之外，「微生物」這個詞會讓我們想到疾病和病毒，而二〇二〇年的新冠肺炎疫情，更加深了我們對病毒的恐懼。微生物學家安．麥登（Anne Madden）博士便想矯正我們的觀念：「我一生的志業就是要讓大家了解我們身邊微生物的功用。」她在大黃蜂的肚子裡發現她的第一種商業酵母，很怪我知道，但這種酵母已經應用在釀造酸啤酒、蘋果汁、清酒中，這是我可以接受的怪。

描述酵母的語言有時有點難理解，「啤酒商可能會覺得『野生酵母』就代表很難運用，消費者則會覺得這非常好，因為代表天然。」公司如何詮釋他們的食物，對消費者的理解非常重要，「消費者教育」在本書提到的許多新創公司中，都是優先事項，當然，在這些新的素食食品前面加上「人工」或「仿」會比較簡單，但這些形容詞都帶有負面涵義。麥登表示：「不是因為食品的來源很奇怪，只是我們提到的時候可能會覺得哪邊怪怪的，挑戰在於你要如何以優雅的方式教育大眾，讓他們能在擁有足夠資訊的情況下做出決定？」麥登希望透過她的聰明才智和一點好運，找出符合我們需求的酵母，我在本書提到的其他食品製造商，則是想用微生物製造別的東西，對麥登來說，其中一個步驟便是運用不會誤導消費者的語言。

描述釀酒重要過程的「發酵」一詞，可說是新創食品公司用來向世界推銷他們改變承諾的最佳利器，行銷策略幾乎是隨插即用，不僅輕鬆擄獲喜歡精釀啤酒的嬉皮，也連帶吸引年輕世代的消費者。「我們現在要把這些細胞放到人造環境中，試著讓他們繁殖，就像你在釀造啤酒時讓酵母繁殖一樣。」一名曼菲斯肉品的科學家在加拿大導演莉姿・馬歇爾（Liz Marshall）二〇二〇年的紀錄片《肉品大未來》（*Meat the Future*）中這麼說道。馬歇爾的作品著重探討環保及社會議題，她在拍攝二〇一三年上映、有關工業化農業黑暗面的作品《機械中的鬼魂》（*The Ghosts in Our Machine*）時，認識了 Good Food Institute 的布魯斯・佛德瑞克，正是佛德瑞克帶領馬歇爾進入細胞肉的世界。

這個把「合成生物學比喻為釀啤酒」的論述，對新創食品公司非常重要，但這和釀啤酒不同，釀啤酒時你知道發酵槽裡有什麼東西（穀物、酵母、熱水、啤酒花、香料），也知道會做出什麼（啤酒），可是我們卻不太知道這些全新的非動物蛋白質是用什麼原料做成。配方和製程的保密是必要之惡，專利科技則會吸引投資人，因為這保證他們的投資能夠回本。

二〇一七年我訪問不可能食品的派特・布朗時，他告訴我申請專利讓他之後能夠對他們的製程「暢所欲言」，包括他們怎麼製作血基質，並不是透過微生物分解物質的化學發酵反應。布朗當時還表示：「我們不是什麼超大公司，我們很脆弱。」他說的超大公司是那十幾間跨國食品和飲料公司，掌控大部分的市場，而且可能會讓他的心血毀於一旦。「我們的其中一項策略就是我們不會依賴商業機密。」又對「巨食」開砲啦，「如果我們研發出重要的智慧財產權，我們就會註冊專利，申請過程的一部分便包括註冊專利的東西要向世人分享。」到二〇一九年底為止，不可能食品有一百三十九項專利正在等待審核，暫時只有十六項通過。

在此聲明，我並沒有投資任何食品公司，雖然我還蠻想投資的。為了理解食科投資人的心態，我訪談了布萊恩．法蘭克，就是在藻類那章出現過的投資人，他的創投公司「FTW Ventures」主要投資食品產業和農業，特別關注那些運用「靠得住的科技」來改革食物系統的公司。這種理念導向的心態，在新創公司創辦人和投資人間相當常見，幾乎所有人都想相信自己正在解決問題、突破傳統、為市場帶來更棒的食物。當年「Wonder Bread」問世時，目的是要提供美國人可以存放非常久的三明治麵包，這種麵包可以在流理台放上長達兩個禮拜，吃起來還是一樣軟一樣濕黏，完全沒有味道而且只含有不到一克的纖維根本不是重點，大家都能接受，直到一切改變。

我和法蘭克在舊金山市區的咖啡店碰面，四周人聲嘈雜，我們旁邊坐的每桌客人都是邊啜飲卡布奇諾邊大聲聊工作的科技宅。金髮戴眼鏡的法蘭克講話非常快，好像每個人都認識一樣，他小小的可靠投資清單包括 Plantible、Square Roots、Proper Food，看起來還不錯，但是因為我們現在身處灣區所以我必須要問：你怎麼沒投資超越肉類或不可能食品？為了表達他的論點，法蘭克先問了我一個假設性問題：「你會想跟風投資嗎？」他搖了搖頭算是回答自己的問題，接著繼續說：「我追求的是『現在還沒大紅，但接下來會大紅』的公司，我比大家（現在）在瘋的還快一步。」由於這兩間公司現在都市值暴漲，超越肉類上市也大獲成功，我於是請他再多講一點。「嗯，我可能會先投資不可能食品，而不是超越肉類，因為不可能食品有科技，這是他們與眾不同的地方，但在二〇二〇年講這些都是後見之明啦，我當然兩間都會投資啊！」

對不可能食品和其他類似公司來說，幫他們的新食物申請專利[1]，可以說是在傳遞他們的產品並不只是維持生命基本需求的食物而已，為我們的生活帶來全新的重要升級，是這些食科新創公司願景的一部分。明日的漢堡，就拿還沒上市，或是就算上市了也還沒開記者會公告周知的不可能漢堡3.0來說好了，是一種大家都該試試的新玩意，就像最新的軟體升級一樣可以直接下載。而在Aleph Farms的網站上，我們可以發現這間公司宣稱他們更優質、更健康、更人道、不用宰殺動物的肉品將提供「全新的消費體驗」。

1　Eat Just擁有大約四十項專利，其中有幾項是購自科學家威廉・范・艾倫（Willem van Eelen），他是將人造肉視為飢餓救星的先驅。

媒體對未來食物的報導通常都是偏向吹捧而非批判，這些食物就像前菜，或是我們嚮往的郊遊，是某種值得期待的東西。新創公司相當依賴消費者逐漸熟悉他們生產的新奇食物，並且想方設法讓自己作的事看起來很正常，包括透過新產品上市前的各種背景故事，或是網頁和手機APP裡的產品示意圖。他們會花錢雇用美食評論家和攝影師，宣傳照片拍起來就像我們印象中巨大多汁的漢堡，還記得卡樂星（Carl's Jr.）找比基尼正妹來宣傳他們的「爆漿漢堡」嗎？跟那個差不多，只是去掉性暗示的部分。特寫擠出豌豆蛋白肉排的那雙手、芝麻漢堡上的所有裝飾、沒有牛的乳清蛋白包裝成美味的冰淇淋、切成夏威夷蓋飯的人造魚，讀完不到五百字的介紹後，我們就會在推特和其他社群網站上討論這些東西，我們就是上市前最好的廣告。

我寫這本書寫到一半時，吹捧植物肉的風向開始轉變，營養專家開始表示不可能漢堡和超越漢堡其實並不健康，只是另一種超加工速食，會提高我們未來罹患心血管疾病的機率。

二〇二〇年準備在後院大烤特烤的勞動節前夕，針對超加工食品的論戰逐漸升溫，並體現在《紐約時報》一系列滿版廣告中，點燃戰火的是「Lightlife」食品公司，他們專門販售植物蛋白質，包括天貝、漢堡肉、熱狗等。《紐約時報》的頭條是「致超越肉類及不可能食品的公開信」（An Open Letter to Beyond Meat & Impossible Foods），副標題則是「夠了吧」，「省省那些超加工原料、基改生物、不必要的添加物跟假血吧。」Lightlife 寫道，接著宣稱他們正在「和這兩間『食科』公司劃清界線」，這間「真正的食品公司」提及「人們值得獲得植物蛋白質……不過是在廚房研發的，不是在實驗室裡。」不可能食品的公關團隊則是在 Medium 上反擊。

不可能食品認為 Lightlife 的廣告是一則「虛偽、出於絕望的假訊息，試圖質疑我們正正當當的產品。」並且迅速指出 Lightlife 背後的大股東便是以加工肉品聞名的楓葉食品[2]。超越肉類的回應則是寄了一封電子郵件給食品新聞網站「Food Dive」，和不可能食品不同，他們沒有繼續抨擊 Lightlife，而是指出自家的漢堡是

2 除了Lightlife外，這間二〇一九年營收接近四十億美金的加拿大公司，旗下還擁有知名的純素品牌「Field Roast」。

「以簡單的植物原料製成」，不含基改生物、人工添加物、致癌物質、荷爾蒙、抗生素、膽固醇。從不怯戰的作家暨營養學教授瑪莉安・奈斯托（Marion Nestle）則寫道，從她的立場來看，「這些產品都沒什麼差別」，每個看起來都和原料完全不像、都經過加工、而且在自家廚房都做不出來。

於是真的血流成河了，在後續的爭論中，又有一家公司跳出來刊登全版廣告，已經開始在美國的克羅格超市販賣自家植物漢堡的 Planterra Foods 表示：「如果我們不花點時間，向超越肉類和不可能食品致敬，感謝他們開拓了這個領域，並將大家帶到現在的所在。」那他們會覺得「很沒禮貌」。但這間位在科羅拉多州波德的公司沒有揭露的是，他們主要的原料供應商是我在第二章提到的 MycoTechnology，而且他們其實已經被世界最大的肉品加工商ＪＢＳ收購。

對於現在的食物，我們總是會有些普遍的預設立場，比較少原料、比較少加工、來自我們熟悉的品牌，就比較好，在這個等式中，食品公司的動機重要嗎？沃倫・貝拉史柯在《未來餐點》中便寫道：「食品工業的獲利，主要來自把熱量集中在高度加工、附加價值高的牛排和點心。」雖然這本書是寫於二〇〇六年，情況依舊沒有什麼改變。我也算是食品產業的一員，而且我非常依賴這些公司和我談話的意願，但我卻始終很掙扎到底要寫得多坦白。

可能我受瑪莉安・奈斯托影響太多了，奈斯托在多本探討食物系統的著作中，對我們擁有的營養知識及「巨食」提出質疑，而她批判的對象當然也包括這些新創公司，我總是會在腦中聽見她的聲音：「我覺得大家應該要隨時對突破保持懷疑，如果有什麼東西聽起來很魔幻，那很可能就不是真的，比如說世界上就不存在超級食物這種東西。」

## 美乃滋的故事

二〇一三年，先前名為「Hampton Creek」的舊金山新創公司「Eat Just」，推出了他們的第一項產品——不含蛋的植物美乃滋，這種類美乃滋上市後廣受好評，感覺好像全世界第一次發現調味料存在一樣。Eat Just 表示：「創辦人喬許・泰崔克將會改變世界，就從美乃滋開始。」而且他們「花了兩年時間研發，才找出如何不用蛋就能製造美乃滋的方法。」當時三十三歲的泰崔克曝光度超高，記者寫了各種故事，關於產品本身、投資的資金，還有以環保為名、令人讚嘆的科技進步。

問題在於，Eat Just 的產品早就存在了，位在加州聖費南多谷的「Follow Your Heart」在一九七〇年代中期就開發出了「美素滋」（Vegenaise），表示「vegan」加「mayonnaise」。Follow Your Heart 在成為現今的純素食品領頭羊前，是一間有機食品超市，還附有一間可以容納二十二個人的舒適素食咖啡廳。一九七四年，他們的廚房最受歡迎的食物便是傑克・派頓（Jack Patton）用大豆卵磷脂做的「Lecinaise」，Follow Your Heart 的共同創辦人暨執行長鮑伯・古德堡（Bob Goldberg）會在每道菜裡都加一點，並將其稱為他的「祕密原料」。但從某個時候開始，就謠傳這種應該不含蛋的美乃滋裡含有蛋，古德堡於是找上 Lecinaise 的發明者派頓，派頓跟他保證裡面絕對不含蛋，也不含防腐劑跟糖，古德堡這才放心，但加州食品與農業部卻不這麼想，他們突擊了派頓生產 Lecinaise 的設施，發現工人正在把一般美乃滋的標籤處理掉，好當成自家的拿去販售。

古德堡簡直不敢置信，他的咖啡廳全都靠這項產品啊，他找上其他食品製造商求助，古德堡表示：「他們全都堅稱不可能有辦法不用蛋就做出美乃滋。」他只好在自家的廚房不斷實驗，試圖複製美乃滋的口感和質地，皇天不負苦心人，古德堡最後終於用杏仁油和豆腐渣做到了。不幸的是，這項產品在一九七七年初次上市時，進貨的超市並沒有冷藏，其中的油脂因而分離，Follow Your Heart 於是將產品下架，預計在解決這項問題後重新上市。他們花了好一陣子，一九八八年，Follow Your Heart 有了自己的生產設施，將原料換成芥花油，並祈禱消費者能夠接受要冰冰箱的美乃滋。而消費者不僅完全可以接受，還一直持續到現在，美素滋至今依然是 Follow Your Heart 的銷售排行榜冠軍，有十種口味，在十幾個國家都買得到。

泰崔克的美乃滋和美素滋差別不大，但泰崔克的產品可以在室溫下存放六個月，原料比較少的美素滋則是需要冷藏，要製造可以在室溫下存放的產品需要使用凝膠等穩定劑，泰崔克用的是化製澱粉，但是 Eat Just 在這點也並非首創。Hellmann's、Best Foods、卡夫（Kraft）開始製造室溫下能夠存放的美乃滋已有數十年的歷史，種種因素讓我們不禁開始懷疑，為什麼全世界要為一種早就擺在架上的調味料如此瘋狂？

泰崔克在阿拉巴馬州長大，講話有濃厚的南方口音，在矽谷可說獨樹一格，面對媒體時更是特別管用，他可以口若懸河講出一個好故事，並宣稱自己可以「淘汰雞蛋」，千萬不要低估他的夸夸其談，泰崔克便是頭幾個提出自家蛋白質可以終結人類對動物依賴這種說法的新創公司創辦人。他還向記者解釋雞蛋的能量轉換率比直接種植物還低，這代表的是環保，聽起來非常悅耳，媒體當然照單全收。Eat Just 的大咖投資人也有推波助瀾的效果，包括比爾·蓋茲、PayPal 創辦人彼得·提爾（Peter Thiel）、「Khosla Ventures」創投公司等，社群媒體撲天蓋地洗版，就好像美素滋根本不曾存在過一樣。

但是美素滋確實存在，而且其發明人古德堡還是個超級好好先生，對於處在鎂光燈焦點之外完全沒問題，他表示，有更多人願意購買美乃滋，最終也代表有更多人會買他的產品。古德堡簡直就是洛杉磯慵懶風格的化身，他現在已經年過七十，穿著短褲配拖鞋，還綁著一根長長的灰馬尾，全身最潮的地方是他開的紅色特斯拉，車牌上就寫著「美素滋」。古德堡不會舉辦記者會，事實上他甚至都沒有公關團隊，直到 Eat Just 推出他們的美乃滋，產品正式推出後，Follow Your Heart 也開始述說自己版本的故事，古德堡在這些年來我們多次對話間的某次提到：「我們一定得表示點什麼，不然這就像是針對我個人的侮辱，每次我們只要讀到跟這個不用蛋的超炫美乃滋有關的文章，我們都很傻眼，因為甚至不會有人去 google，然後發現（我們的）產品已經存在數十年了。」

現在這年頭，只要是「新」東西都會有人報，《富比世》（*Forbes*）雜誌二〇一三年就報導了泰崔克的美乃滋在 Whole Foods 超市上市的消息，他們根本就是在幫這間新創公司業配：「Hampton Creek 測試了一千五百種植物的分子屬性，以找出最適合乳化做成美乃滋，或是能在滾燙的平底鍋上像炒蛋一樣凝固的原料。」只要看一眼食品標示就知道，Eat Just 的配方也用了芥花油，古德堡表示：「有個 Eat Just 的人告訴我，他們公司擺了一大堆（美素滋）。」

這股風潮本應逐漸消退，但事情又出現驚人轉折，二〇一四年，Hellmann's 美乃滋的母公司聯合利華，按鈴控告 Eat Just 在食品標示中使用「美乃滋」一詞，二〇一六年，泰崔克則遭控人為操控產品銷量，因為他指示自家員工購買自家產品。這些毀滅性的醜聞爆發後，目標百貨（Target）隨即宣布因為潛在食安疑慮，Eat Just

的產品將全面下架，官司方面，聯合利華最終因負面輿論的壓力選擇撤告，不過美國食品藥物管理局仍繼續追查這個案子，並和 Eat Just 達成共識，請他們重新標示自家的美乃滋，移除上方的雞蛋圖案，並加上「沙拉醬」字樣。二〇一七年，泰崔克為了和負面輿論切割，把公司名稱從原本鄉村風的 Hampton Creek 改成簡潔的 Eat Just，但這個名字不太好用在句子裡就是了。

未來食物跟各式各樣的複製品，現在已經成為我們上超市需要注意的事了，「Brooklyn Brewery」的首席釀酒師蓋瑞特・奧立佛（Garrett Oliver）就告訴我，一年前他買了一罐 Just Mayo，然後發現裡面不含蛋的時候「簡直氣炸了」，他的怒氣來自兩個原因，第一，這叫「美乃滋」，而且還叫「就是美乃滋」。奧立佛花了很多時間思考食物的演變，他通常都用啤酒來舉例，「這個想法的重點在於跟著歷史的演變來檢視啤酒的發展，一開始是真正的啤酒，大約從十九世紀到二十世紀初，接著食品科技的發展讓真的啤酒轉變成複製品。」奧立佛將其稱為「外在條件」，以啤酒來說，就是大型啤酒商開始想生產不管在哪味道都一樣的啤酒的時候，原本依賴農作物和微生物，來讓穀物變成酒精的啤酒，曾經有非常多的口味和種類，後來卻變成喝起來幾乎都一樣的無味酒精，但現在又慢慢朝口味多樣的精釀啤酒演變。奧立佛童年時的超市，賣的是吃起來不像麵包的麵包，起司只有四種口味，「根本是個巨大的謊言，裡面的所有元素都是錯的。如果你能讓大家忘記現實，你就能用別的東西來取代現實。」這和上個世紀貨架上的那些謊言：Wonder Bread、瑪琪琳、Velveeta 起司，和淡黃色、不含蛋，叫作 Just Mayo 的抹醬，又有什麼不同呢？

Just Egg 上市前耗費了超過四年的研發時間，這是一種主要由綠豆蛋白製造的蛋液，泰崔克又故技重施，在產品上市前找了一堆媒體來哄抬聲勢，他邀請了包括我在內的記者去試吃這種蛋，並找來米其林廚師團隊負責煎蛋捲。泰崔克告訴我：「在口感上，這完全不需要吃起來像傳統的蛋，只要是最柔嫩滑順的就可以了，我們的目標是比農場現收的蛋還要好吃。」蛋捲和雞蛋一樣黃，而且確實相當滑順好吃，不過依舊不是真的雞蛋，雖然我也沒什麼意見就是了，那為什麼不取個新名字呢？這次就算泰崔克又搞砸了什麼，也沒有風聲流出，Just Egg 成功獲得大眾接受，銷量也非常好看，他們表示，截至二〇二〇年底，其銷售數量約等同七千萬顆雞蛋。

古德堡認為：「所謂的行銷，應該是用誠實的方式讓消費者瞭解你的產品，而不是畫大餅。」這兩名創辦人的風格很明顯截然不同，泰崔克只會做其他和他一樣的人會做的事，也就是大聲講出自己的故事，讓產品感覺像是原創或首創，即便事實並非如此，以及早早接觸記者、贏得記者的信任、向投資人要錢，然後再用這些錢讓故事化為現實。

我和泰崔克在他舊金山的開放式辦公室見面時，他告訴我：「如果我們專注在我們描繪的願景上，消費者就會選擇我們的產品，而不是牛肉和豆腐。」描繪一個願景，然後讓願景實現，沒有任何跡象顯示雞蛋需求會減少，而類雞蛋市場現在充滿各種選擇。決定要吃什麼已經變成一件超級複雜的事，而且沒人有時間瀏覽所有資料跟爭論，獲得充足資訊後再做決定，因此最方便的選項才是王道。

我和奧立佛聊完幾個禮拜後，他用電子郵件寄了一張他在布魯克林的超市拍的照片給我，照片裡有一瓶 Just Egg，旁邊有一則真的液體蛋白的廣告，他寫道：「瞧瞧『蛋』那個字的顏色和大小，有看到上面還有一行小字嗎？」瓶子上方用一行小字寫著：「由植物製成（不是雞）。」奧立佛表示：「根本就是徹頭徹尾的詐騙。」超市的銷售數據顯示，把素食產品放在它們模仿的本尊附近，能夠促進素食產品的銷量，這是因為消費者不小心拿錯了嗎？我發現我越來越常買 Just Egg，因為我很喜歡，而且也很樂意吃更多素食，但同時也很難反駁奧立佛的論點。

## 真假大對抗

為未來食物命名有很多需要考量的地方，以前這些食物的命名都由一小群專家負責，現在則變成公領域的事務，每個人都有意見，包括美國食品藥物管理局、遊說團體、食品協會、美國公民自由聯盟（American Civil Liberties Union）等法人、企業家等。二〇一九年一月，美國食品藥物管理局針對在類似的素食產品使用傳統的乳製品名稱，對消費者進行了調查，但是即便消費者能夠發聲，還是沒什麼人在乎他們的意見，而且老實說，也不會真的有很多人花時間表達意見和擔憂，頂多只會抱怨一下然後繼續過生活。

美國食品藥物管理局介入的時候，市面上已經有數十種替代乳製品了，開心的消費者也早就買單，豆奶從一九〇八年代起，就已經是一種非常普遍的飲料，所以幹嘛還這麼大費周章？這就看你的觀點囉，可能是因為在素食圈以製作起司聞名的美代子・席娜（Miyoko Schinner），也可能是因為賈思敏・布朗（Jasmine Brown），這應該是一名訴棍律師使用的假名，他在美國食品藥物管理局展開調查的一個月後，直接一狀把席娜告上法院。

官司的起因是布朗認為，用「奶油」一詞來指稱腰果作成的奶油會誤導消費者，在這樁集體訴訟中，律師表示席娜的公司「Miyoko’s Creamery」在食品標示上刻意使用「乳製品」一詞，包裝看起來也像一般奶油，甚至還有黃色裝飾（黃色代表奶油！），並宣稱產品「融起來、煮起來、烤起來、塗起來都像奶油。」可能導致消費者相信該產品和真正的奶油一樣，並花七塊美金購買。這就是問題所在，素食奶油現在和真的奶油一樣好吃，傳統的乳製品，包括奶油、牛奶、起司、優格都還在死撐，但影響力已大不如前。隨著消費者對食品成分及製程的意識和興趣逐漸提高，手作的品牌，不管是不是真的手作，現在都能獅子大開口了。

除了命名的問題外，控告美代子的官司也宣稱用腰果製成的奶油不像真的奶油那麼營養，如果你好奇的話，美代子的奶油主要是用椰子油和葵花油製成，但確實也含有一些腰果。美代子的奶油百分之百都是油脂，腰果則提供了鎂和鐵質，真正的奶油也差不多，全都是油脂組成，加上微量的維他命A。

乳製品工業的恐慌是意料之中，牛奶的銷售暴跌、大型商業乳品場關門大吉，有些正在申請破產、淨利也越來越低，而冰箱中的非乳製品品牌和選項則是無窮無盡。改喝植物奶通常是改吃素食的第一步，誰能反駁「對你更好，對環境也更好」、「為健康、為地球、為未來」這類行銷標語呢？牛津大學的人文地理學家亞莉山德拉．薩克斯頓在她二〇二〇年的植物奶政治研究中，將這種現象稱為「美味的預防」，而且「即便大眾受到鼓勵，開始在乎環境、健康、動物福利，並開始接受（植物奶），最後仍然只是淪為商品的消費者而已。」

植物奶確實會對傳統牛奶造成威脅，但素食起司可不是，因為就算再好吃，也不可能和傳統起司一搏。在植物奶這個品項中，我們已經可以看到成熟產業的雛形，從產品上市、行銷、消費者接受度、到原料改良等。薩克斯頓從社會學家傑西．葛斯坦（Jesse Goldstein）的著作《改善星球》（*Planetary Improvement*）挪用了

「非干擾性預防」這個概念來支持自己的想法，也就是「能夠提供『解決方法』，但無法真正改變背後肇因的科技」。薩克斯頓特別點名達能（Danone），這是一間擁有植物奶品牌，同時還大量生產乳製品的跨國公司，二〇一八年其植物奶營收為十九億美金，他們預計到了二〇二三年，這個數字會成長為三倍。不過即便如此，達能會停止生產乳製品嗎？我很懷疑。

乳製品產業開始轉移重心，改把重心放在起司、乳清、優格，或收購植物奶公司以雙邊下注時，肉品遊說團體也沒閒著，他們正在自己的戰場忙著確保植物肉公司不能使用「肉」這個字。密蘇里州是全美第一個在法律裡加入傳統肉定義的洲，法案於二〇一八年五月通過，其中肉品的定義為「所有家畜或家禽屍體可以食用的部位及相關部位」，並且限制個人「將不是從飼養的家畜或家禽取得的產品稱為肉品」的權利。

附議這項法案的州議員希望就算美國食品藥物管理局不對這些「讓人混淆的蛋白質」做點什麼，那他們的「真肉法案」（Real MEAT Act），MEAT 代表「照實行銷食用人造肉」（Marketing Edible Artificial Truthfully），至少可以為美國農業部提供依據來執行新規定，美國食品藥物管理局負責監管全美百分之八十的食品，但負責監管牛肉、雞肉、豬肉的則是美國農業部。其他幾個州也跟上密蘇里州的腳步，通過法案規定植物蛋白質及實驗室製造的蛋白質，不得使用「牛肉」或「肉」等名稱。生產類火雞肉的「Tofurkey」公司不願坐以待斃，靠著美國公民自由聯盟和Good Food Institute的法律協助，控告阿肯色州政府，因為他們即將通過法案，禁止這間成立四十年的公司在食品包裝上使用「素食漢堡」及「豆腐熱狗」等字眼。現在我開始好奇一個問題，為什麼某些愛狗人士沒有因為熱狗廠商用了「狗」這個字，而告死他們？

公益科學中心針對這一連串的法律訴訟，發信向美國農業部轄下的食品安全檢驗局（Food Safety and Inspection Service）抗議，他們表示禁止使用「肉」或「牛肉」等傳統動物產品使用的字眼，並「無助於避免消費者混淆」，而且「這個行為不是為了服務消費者，而是代表一種自私的嘗試，以限制良性競爭，這些產業到頭來都是為了要在美國人的餐桌上奪得一席之地。」他們還表示，任何有關食品標示的判決，都應該考慮標示的整體脈絡。但是美國農業部早就有維護特定商業利益的傾向，目前也無法確定他們會怎麼回應這些新勢力的出現，特別是這些新創公司都知道怎麼獲得消費者的支持。至於前面提到的 Miyoko's Creamery，則是在二〇二〇年二月，控告加州食品與農業部侵害言論自由。

## 「巨食」的行銷祕笈

食科新創公司正在和「巨食」學習行銷策略，像是雀巢、家樂氏、General Foods、泰森、百事、可口可樂等，產品發布和品牌定位非常重要，這些新創公司把他們的產品稱為「素食」，而非「多種原料加工而成的非肉類或乳製品」。和「天然」這種空泛的字眼很像，「素食」能夠舉著健康的大旗，保護那些其實沒有那麼健康的產品。如果你仔細想想，可樂也可以說是一種素食，因為是用植物做的。

生技學家柯林．坎貝爾（T. Colin Campbell）四十年前創造「素食」一詞時，指的是截然不同的東西，當時坎貝爾所屬的團隊正在研究癌症和營養之間的關係，而以蔬菜為主的飲食方式，還是相當非主流的概念，因此坎貝爾認為「素食」一詞比較不會有負面涵義。坎貝爾二〇〇四年探討素食優點的著作《救命飲食》（*The China Study*）影響相當深遠，他在其中也加進了「原型食物」的概念，成為原型素食，以免讀者誤以為分離後的營養成分也很健康，像是營養品或是植物殘渣等。

在這個越來越多人改變飲食方式尋求健康的時代，坎貝爾的論點仍然相當精闢，食品包裝仍舊在吹捧特定的營養素、維他命、以及其他隨便什麼對人體更好的東西，好讓消費者乖乖掏錢，未來食物看起來跟聽起來可能都比較健康，但是仍然是一堆原料組成的加工食品，而非原型食物。

食科新創公司的創辦人是不是運用科技做出了更好吃的冰淇淋，或是更環保的漢堡，這點還有待商榷，但是瞧瞧他們在這幾年間取得多大的進步吧。在幾乎所有大型連鎖超市中，包括 Whole Foods、沃爾瑪、克羅格、Safeway、目標百貨等，都可以買到超越肉類的產品，不可能食品則擁有超過八千家銷售據點，負責供肉給超過一萬七千間餐廳，現在甚至還能直接上他們的網站訂購。在不可能食品總部的會議室中，派特．布朗對我宣布：「我們不但會成為史上最具影響力的素食公司，還會成為史上賺最多錢的公司。」我覺得他說這句話時，聽起來就像個邪惡天才，讓我想到華爾街唯利是圖的工業鉅子，而不是試圖拯救世界的科學家。他繼續這段即興演講：「我們會讓（我們的投資人）變得比現在更誇張的有錢！」肉品產業的市值預計在二〇三〇年突破三兆美金。

價錢似乎不再是問題，你可以花六塊美金買一顆華堡，或是再多花一塊美金買一顆不可能漢堡，雖然在比較高級的概念店，不可能漢堡一顆可能要價十八到二十二美金，總之有人在某個地方數鈔票，而速食餐廳幾乎肯定能從這波增長的需求獲利。超越肉類選擇進軍超市，不可能食品一開始則是只和大廚合作，希望能從現成的名聲得到好處，此外他們也捐了數萬磅的不可能絞肉給阿拉米達郡（Alameda）和聖塔克拉拉郡（Santa Clara County）的食物銀行，你可以假設這些是失敗的產品，還派出廚師透過「有趣的訓練課程」，教導食物中心如何運用這些絞肉。除了推出速食外，在食品儲藏櫃中佔有一席之地，也讓不可能食品能夠及早接觸食物匱乏的族群，這樣當他們進軍速食連鎖店時，也能接收這些顧客。

想要在二〇三五年前取代肉品生產中的動物，就需要大規模的消費者接受，派特・布朗表示：「我們正在測試多種和漢堡無關的原料，並且正在尋找目標客群。」對任何有在關注的人來說，我們的食物系統需要劇烈改變這點非常明顯，但是這些漢堡將會拯救世界的願景，同時也讓我腦裡的警鈴大作。

這些公司和骨牌一樣，正在亞洲、印度、非洲等地快速擴張，在食安問題非常嚴重的中國，當地人認為美國品牌比自有品牌更棒，因此無不引頸期盼美國品牌進軍市場，但是即便不可能食品已經在尋找能夠協助生產的中國廠商，他們的進度可能會因新冠肺炎疫情爆發受阻，另一方面，根據經銷商的說法，超越肉類的產品早已在香港的餐廳和零售據點上市。

既然現在我們已經可以在超市跟網路上買到植物「牛絞肉」，還能在上萬家速食店點到素食漢堡，這股風潮可謂勢不可擋。二〇一八年，White Castle 成為全美第一個開始販賣不可能漢堡的連鎖速食品牌，二〇一九年，在全美擁有超過七千家分店的漢堡王，也在愚人節宣布開賣不可能漢堡的消息，這個「玩笑」是開在顧客身上，他們當天買到的會是不可能食品的植物肉排，而不是他們以為的紅肉，各種搞笑的反應在 YouTube 上瘋傳，派特．布朗本人也很欣賞這個雙重玩笑，「大家會買到一個他們真的相信是動物做成的漢堡，接著發現漢堡其實是用植物做的，然後覺得這是愚人節玩笑，結果其實不是！」

拜麥當勞、漢堡王、卡樂星等速食店的擴張之賜，全世界有百分之三十六的人口每天至少會吃一餐速食，在這些連鎖店中，你現在可以選擇購買不可能漢堡或超越漢堡，也可以兩個都買！速食餐廳一開始的行銷廣告總是標榜創意跟友善的氛圍，我們現在還會繼續推崇這樣的創意嗎？

這些連鎖店不會帶來健康的飲食，他們也不是在推廣素食，而是在尋找新的消費族群，或是替既有的消費者提供新的選擇。食科新創公司會先找來大廚，讓美食控上鉤，接著再把產品拿到「有機」超市，吸引主婦跟注重健康的人，最後則是攻佔幾乎所有速食店，讓中產階級美國人成為囊中之物。這是一種簡單粗暴的滲透方式，透過各種管道和快樂兒童餐，影響所有美國人的生活，現在又多了一個不要相信他們的好理由了。連鎖速食餐廳是快速生產廉價食物的溫床，提高美國人健康惡化的風險，包括心血管疾病、糖尿病、肥胖等。我也很有可能因為自身的健康狀況，成為其中的一員，但這只讓我眼觀四面、耳聽八方，在吃東西上更為謹慎，直到有人證明我錯了之前，我都不會買單。

第 10 章

# 食物大未來

雖然試圖預知未來根本是癡人說夢，但我在此還是要花一整章的篇幅來回答這個問題：二〇四一年時我們的餐桌上會放著什麼？[1] 如果我們要探討人類飲食真正的系統性變革，那麼二十年其實是一段短到荒謬的時間，就算把時間拉長到五十年也無法回答這個問題。英國首相邱吉爾在一九三一年起寫的一系列文章中，就曾想像過五十年後的食物光景，這些文章後來集結成《思考和冒險》（*Thoughts and Adventures*）一書，他在書中想像未來會有一天，我們不需要再飼養「一整隻可笑的雞」，而是直接透過「在合適的培養基中分開培育」，培養出我們需要的部位，像是雞胸肉、雞腿、雞屁股。此外，邱吉爾也正確預測了「微生物能夠在人為條件下受到控制」，就像酵母一樣。不過，他預估的五十年最後花了八十年才成真。

那我為什麼會選擇二十年呢？因為我覺得現今發達的科技正在加速這個進程，而食物的改變會更快到來，也因為五十年、一百年、一百五十年太久遠了，而超越肉類只花了七年就成功改良植物漢堡，不可能食品甚至只花五年就發明了自己的版

1 如果不是因為疫情爆發，我的書應該會在二〇二〇年出版，而非二〇二一年。

本。

邱吉爾的人工雞肉並不是大廚大衛・奈菲爾（David Nayfeld）引頸期盼的東西，我接下來會引述奈菲爾自己的預測，奈菲爾認為我們是時候該開始學習欣賞動物的不同部位了，「肉類的問題是，我們只吃一種東西，這對地球來說是種自私的方式，一隻牛只能做成這麼多肋排、橫膈膜、牛舌……我們應該要吃掉整隻牛才對。」我站在少吃肉那一邊，但如果真的要吃肉，我會把錢花在再生農場的牛排上，我知道這是種奢侈，很多人負擔不起，但事實是有許多新創公司都在嘗試製造人造肉，而且也有不少正走上「工業化」的老路，所以問題是，這對人類好嗎？

我花在研究新創食品公司和他們產品的這段時光，是一趟充滿啟發的旅程，這本書裡提到的幾乎所有食物，我都親自試吃過、料理過，我對這些創新的想法和食品都保持開放的心胸，但其中有許多都不會成功，或是會變成完全不一樣的東西。這本書提出的問題都很重要，找出它們的優先順序，可說是成功的要件，我們吃東西是要拯救地球、拯救動物、還是拯救自己？來自那些食物系統已經崩壞、無法滿足基本需求文化的傳統食物呢？新冠肺炎疫情為生活帶來的劇烈改變，包括上超市的次數減少、缺貨的商品、更多在家煮飯的機會等，很可能會讓我們開始考慮慢慢減少或完全不吃工業化農場飼養的動物，但這也會導致我們侵佔更多野地，以便放牧更多動物來滿足消費需求。這代表我們必須創造一個不再無孔不入剝削大自然的世界，如果以後又有另一種疫情爆發，我們的食物會有什麼改變？又是誰有資格可以決定？

而且工業化農業是一種餵飽世界的有效方式，這是我們熟悉的惡魔，我們能夠接受動物不再被馴養，或是更進一步，讓大量的土地重返最初的榮耀？我們可以用更少的土地餵飽更多人嗎？「蘇族大廚」（Sioux Chef）尚恩・薛曼（Sean Sherman）堅決認為應該向他的老祖宗學習。他們是擁有數萬年生態知識的民族，「如果我們可以像原住民族群一樣使用土地，我們就能生產更多食物。」

一九七八年，科普作家芭芭拉・福特（Barbara Ford）寫道美國人攝取的蛋白質遠超過所需，幾乎到達所需的兩倍，她還認為，到了二〇〇〇年時，吃穀物的牛可能會變得非常稀有，大部分的牛都只能吃草，然後長到適合宰殺的體型。福特的錯誤在於她覺得牛肉的價錢會提高，但是並沒有，便宜的玉米和大豆造就了工業化農場，工業化農場則為所有想要的人提供廉價的肉品。

福特在書中也分享了當時超夯的新蛋白質，包括翼豆這種獨特但完全可以吃的植物，其種子和塊根含有百分之二十的蛋白質，福特表示「好到不像真的」，然後還有耐旱的水牛瓜（buffalo gourd），能夠長達一整年不用澆水，一整年耶！

和福特一樣，試圖預測未來提高了我犯錯的機率，我在這本書裡提到的某些食物可能像泡泡一樣膨脹，然後就破掉了，有些有機會成為主食的食物也可能失敗，那就是昆蟲。如同藻類，昆蟲要量產也不是件容易的事，但昆蟲和藻類的差別在於，昆蟲屬於那種已經習慣吃的文化就會一直吃，可是很難擴展到其他文化的食物。麥可．波倫在某次訪談中，曾建議可以拿昆蟲去餵牲畜，這已經是現在進行式了，而且我本來覺得麵包蟲的規模還沒大到可以囊括在本書中，這個想法也可能是錯的，已經募集到超過四億美金的法國公司「Ynsect」正在興建工廠，日後每年將能生產十萬噸的昆蟲蛋白質，用於魚飼料和寵物飼料，麵包蟲的糞便還可以當肥料呢。麵包蟲有可能變成人類的主食嗎？嗯，還是先假設不是所有東西都能成為下一個大豆好了。

不管是昆蟲、藻類、或豌豆奶，華爾街都不再把新創食品公司當成有疑慮的投資，科技便是最大的優勢。一九三九年的紐約世界博覽會上，博覽會的科技總監暨化學家傑拉德．溫特（Gerald Wendt）便曾表示，人造食物起初會模仿我們吃的植物和動物，但在兩或三個世代後，食物就不再會是自然的樣子，我Z世代的姪子和姪女從小就都吃素，很可能就會成為把我的疑慮粉碎的那一代，他們不管晚餐吃什麼都會發布到社群網站上，如果不是他們，那有可能是Alpha世代？無論如何，我到時候應該都很老了，而且滿頭灰髮（我希望啦），我會吃得很少、不吃肉、沒辦法喝太多酒，然後還是一樣在抱怨運動量太少。

這個章節最後朝著樂觀的方向走，我希望透過訪問呈現出各種不同的聲音，所以應該不會特別偏袒什麼立場，我唯一的願望是投資人有一天會找到理由，把他們的巨額資本用在改善我們確知能餵飽世界的那些方法上。就讓我們鼓勵農夫多種一些有用的農作物，使我們的飲食越來越豐富，而不是越來越狹隘吧。讓我們努力研發我在書中提到的那些創新製程，以便將更多的植物變成高經濟價值的環保作物，並由世界各地的在地再生農業支持。比起追逐十年才會出現幾隻的獨角獸，我們應該把眼光放在一整群獨角獸！如果人造肉真的出現在我們的餐桌上，就將其視為一種混合式的解決方法吧，不僅讓植物變得更好吃，也讓少量的高品質肉類能夠走得更遠、造福更多人！

別再浪費現成的食物，我們要用更健康的食物餵飽更多人，餵飽所有人！這就是我的願望。

**• 丹・巴柏，五十一歲，《第三餐盤》作者、「藍山」餐廳主廚暨合夥人**

二十年後的種子會是什麼樣子？我們來替未來研發營養密集的超好吃種子吧，我們應該挑選適合的在地環境，為不同的區域研發不同的種子，重點就在這，美國又大又複雜，問題不在我們未來吃的是什麼，而是我們要去哪裡吃？這就是高級餐廳今後的方向，高級餐廳現在的重點，在於找到在地特色，也就是顧客願意遠道而來，其他地方都沒有的東西。非常有趣的一點是，你可能會找到很不一樣的原料，你也會找到在地專屬的飲食方式。

食物因為資金和科技的投入正在快速發展，但我對想要取代工業化農業，或是用植物肉概括複雜生態系統的科技投資沒有興趣，這都太簡化了，無法服務任何人，也不會帶來幫助，只能讓投資人了解**他們**想要什麼，也就是專屬的智慧財產權，讓這些公司牢牢掌控食物，這不是我要的。

我希望能有更好的生態系統、更嚴謹的生態論述，我們現在知道怎麼製造基改大豆，還能讓大豆流血，我們從大自然免費取得資源，還跑去註冊專利，覺得有一大筆錢正在（用來）拯救地球，是非常可笑的一件事。

我追求的是好的食物跟風味，風味則來自複雜的生態系統，生態系統越複雜，風味就越好，營養也越密集，對地球也更好，農作物也會越來越好。問題不只是找到某種好吃的東西，而是要如何持續找到好吃的東西？這就是為什麼我們需要更好的生態系統，但這很難掌握，而且根本不可能變成私人財產跟賺錢工具，這也是企業避之唯恐不及的原因。

我們要投資的，應該是能夠供給我們身體急需營養的那些農夫和農場，這就是我們自己的疫苗，所有的事情都彼此相關，這就是為什麼會如此複雜，全都是在處理同一件事，如果你覺得垂直農場和不可能食品是餵飽世界的答案，那麼你就走錯路了。

**• 金．賽佛森（Kim Severson），五十九歲，《紐約時報》美食記者**

二十年後我們的餐桌上來自畜牧業的肉品一定會更少，整體來說肉類應該會減少，但還是會有很多肉就是了，還會出現化學物質更少的加工食品，潔淨標章（clean label）也會繼續存在，冷凍食品的走道當然也會繼續出現翻天覆地的變化，我覺得大家的判斷力會更好，可以知道什麼東西才是健康的。

我們正在培養前所未見的下一代廚師，包括做罐頭、做麵包……有了科技的幫助，他們對食物會了解得更深入，並做出更具吸引力的料理，彰顯他們自己的身分及營養需求。對新一代的廚師來說，食物就和數位產品一樣隨時都在流動，而他們會和在網路上一樣自在，他們也不會害怕嘗試用細胞製造的食品。

大眾會需要真食物（real food），他們會想跟真食物有更多接觸，而不是置之不理，（人造肉）科技會朝食品加工和製程發展，比較不會直接出現在架上。最後，不想吃肉的人就不會吃肉，我覺得大家會越來越想要真食物。

階級當然會對一切造成影響，好食運動（good food movement）會和公平正義結合，我認為好食運動，加上營養補充援助計畫（Supplement Nutrition Association

Program，SNAP），會為小農市集帶來好處，營養對健康很重要。「World Central Kitchen」會取代美國聯邦緊急事務管理署（Federal Emergency Management Agency，FEMA）的功能，食品工業的態度則是「反正熱量就是熱量」，但是有需要的人會得到新鮮好吃的食物。

麥當勞等大型速食連鎖品牌對我們飲食的束縛將會消失，這本來就會造成階級劃分，年輕世代會知道速食不好，為特定飲食方式而生的食品也會消失，這類食品殞落的速度讓人嘖嘖稱奇，我覺得透過真食物，人們會更容易掌控自身的飲食。

我很樂意看到「吃自己想吃的食物」這個精神延續下去，這是餐車的思維，甚至能打敗連鎖餐廳，我也希望看到更多在地連鎖品牌，我們都需要方便的食物，也需要在工作時快速填飽肚子的方式，但是看到很棒的小型連鎖店，代表在地食物持續發揚光大，真的會讓我非常開心。

● **J．賢治．羅培茲—艾特（J. Kenji López-Alt），四十歲，《食品實驗室：用科學升級家常菜》（*The Food Lab: Better Home Cooking Through Science*）作者**

從現在的趨勢判斷，未來我們的餐桌上應該會有更多肉，肉類需求正持續成長，特別是在開發中國家，就算植物肉已經發明，而且一部分的世界人口也開始降低肉類攝取，仍然無法抵銷印度或中國等地的需求成長。

我覺得人造肉會成為主流，不過可能要花點時間，連植物肉現在都還算是高級產品，在速食店比傳統的肉還貴，但是等到人造肉上市，而且成本開始降低，人造肉就會迎頭趕上。這也跟世代差異有關，老人可能永遠不會接受，但是比如說，我女兒就知道不可能食品跟其他植物肉已經上市了，而且她也不覺得這些東西很怪，我確定等到人造肉上市時，她應該也會抱持相同看法。

我希望在不久的將來，我們不用吃那麼多肉，地球根本受不了，幾百年後有很大的機率，我們會回頭檢視歷史，然後覺得，**我不敢相信我們以前竟然吃肉**，就像我們現在會無法相信以前竟然覺得可以在室內抽菸。

我對食物未來的期許比較偏向政治，不是科技層面，因為資本主義的本質就是把獲利看得比人更重要，還有「擁有的」跟「沒擁有的」，使得不平等的體制持續存在。我們現在住在一個食物產量絕對能夠餵飽所有人的世界，但卻還是有一大堆人面臨飢餓的處境，所以我希望未來的食物分配能夠更平等，而且政府能夠鼓勵種植更多植物、更多樣化的農作物，然後少吃肉。

- **阿里・布札里（Ali Bouzari），三十三歲，作家、「Render」共同創辦人**

所有只要講到劇烈的典範轉移就會超級激動的人，一定都在洛杉磯、舊金山、或紐約待了太久，肉品以及動物產品未來會扮演什麼角色，是個大哉問，如果物價上漲，我們就會因為成本的關係而減少使用動物產品，如果（出現）反蛋白質的聲浪，我也不會太意外，低油飲食再度成為風潮也是。

我覺得我們還是會繼續討論感恩節大餐要吃什麼，或是某個只對美國來說很新的超夯產品，我們也會繼續爭論哪些營養成分可以讓你青春永駐。我覺得潔淨標章跟潔淨飲食會持續演進，我們會繼續吃馬鈴薯，而且個別的原型食材會繼續存在，永遠不會消失。

某種程度上，人造肉已經成為主流，不可能食品和超越肉類取得的突破，讓說服大眾吃雞塊和漢堡這件事變得更簡單，人造肉在訓練消費者這方面，可能還會輕鬆一些。我不覺得大家會去仔細比較人造肉和植物肉，大家都喜歡有牌子的食物，人造肉比植物肉還晚了一個世代，他們有配方和原料創新，但依然還在試驗跟調整階段，這我們很久以前就知道了。新創公司必需學會如何創造生命，但我不覺得十到二十年後，我們就能在連鎖速食店買到人造肉。

我覺得我們需要更嚴苛的評斷標準，任何能夠快速製造那些好到不像真的食物的方法，都應該經過重新檢視，就像無糖杯子蛋糕，想盡辦法在配方中把糖移除，感覺好像我們忘了某種教訓，現在有很多原料都能用一模一樣的方式替代糖的某些功能，人體吸收的方式也和糖一樣，根本就是現代煉金術。我們會越來越進步，激發其他不同的想法，但是把不是糖的東西硬變成糖，就像把不是黃金的東西硬變成黃金，糖是無可取代的。

美國食物的未來大部分都掌握在有錢白男手上，我希望看到不同的未來，我喜歡另一種未來，它不會誓言要消滅動物農業，然後在實驗室裡種漢堡，或許偶爾來點甜菜還不錯？我想看到有人創造一種不需要動物的環保漢堡、雞蛋、雞，這樣我們就能使其成為日常生活的一部分，讓市場專注在下一個目標，也就是生產高品質的蔬果。我夢想中的食物未來，就是矽谷的巨額資金可以運用在合理的目標上：讓我們來發明超棒的地瓜吧！

現在的方法是使用動物的肌肉組織，這在科學上相當容易，就像除草機一樣，把紅蘿蔔所有的成分，包括酵素和色素都丟進去，就像法拉利一樣。現在大家的關注的是如何拆解這台法拉利，好製造一台像樣的除草機，一顆甜瓜發揮最大潛能時，能做出的東西遠比一塊牛排更多。

- **瑪莉安·奈斯托，八十四歲，《瑪莉安會客室：你需要知道的食物、營養、健康知識》（*Let's Ask Marion: What You Need to Know About Food, Nutrition, and Health*）作者**

我希望理想的「食物」在二十年內出現在我們的餐桌上，我指的是用環保的方式種植植物、飼養動物，也就是在能夠促進生產者和消費者健康、對動物友善、減少環境破壞和溫室氣體排放的情況下生產食物。未來食物的挑戰，便是要以能夠促進健康、保護環境的環保方式，來餵飽世界上所有人，能夠達成這些目標的飲食方式，雖然並不一定要是素食，但將會以素食為主，對居住在已開發國家的人來說，這代表的是提高植物攝取量、降低肉類攝取量。

如果我能施展魔法，我會創造一個能以健康環保的飲食方式，餵飽世界上所有人的食物系統，而且無論獲利多寡，都能提供系統中的所有人合理的工資，包括生產、包裝、烹調、販賣等，同時還要確保食品安全，並保護環境。這聽起來很理想、很烏托邦沒錯，但我認為這是我們應該努力的目標。

### ● 蔡閔，五十歲，「Hodo Foods」創辦人

受網路普及和全球旅行無遠弗屆的影響，我們未來餐桌上的口味一定會更國際化，灑上世界各地香料的佳餚，包括非洲香料、中東薩塔（za'atar）香料和摩洛哥香料等地中海口味，韓式辣醬和魚漿等亞洲口味也會更普及。口感依舊會是左右接受度的關鍵，營養和健康也仍會是我們在決定要把什麼東西放進嘴裡時，第二重要的因素。這好吃嗎？健康嗎？環保嗎？消費者會按照這個順序提問。

科技食物的存在和接受必須有某種目的的支持，在可預見的未來，科技食物的主要訴求會是拯救環境，新的公司需要顧客，如果比原來的食物**更**環保，那為什麼不改吃擁有相同營養、口感、經濟價值的新食物呢？假設科技食物確實能為環境帶來幫助，要達成相同的營養和經濟價值就不會那麼困難，但我們仍看過許多花費很長時間的例子，像是「Daiya」推出會融化的起司時，消費者就沒什麼反應，直到

「Miyoko's Creamery」推出質地和傳統起司更像的素食起司，消費者才開始接受。超越肉類一開始的產品也很難吃，因此消費者的接受速度相當緩慢，直到他們調整配方，競爭者不可能食品也開始嶄露頭角時，情況才逐漸改善。

我不覺得這（人造肉）會成為主流，就算口感、營養、價格都達到傳統肉的水準，甚至更好也不會，我認為我們心理上還沒準備好接受這種食物。

我相信也希望以後我們能少吃對環境和健康有害的食物，不管是肉類或植物都一樣，我覺得單一作物和密集動物飼養（concentrated animal feeding operation，CAFO）的潮流總有一天會過時，原因非常簡單，因為長期來說並不環保。我也認為原料更透明、產品加工程度更低的連鎖餐飲品牌，擴張的速度會比麥當勞和 Taco Bell 還快，和我們這一代相比，年輕一代會有更多人吃素，我們吃的肉會越來越少，但肉類仍會是我們飲食中最主要的蛋白質來源。經濟狀況將會決定人們的選擇，無法負擔更多原型食物的人，就只好吃便宜的加工食物，不管在美國或全世界都是如此，這點不會改變。

我一直都很希望有一個在地的食物系統，你吃的食物、水果、肉品，都是來自在地生產者，也可以支持購買在地食材的餐廳。我依然希望消費者能夠在意食物生產過程的公開透明，由環保的生產者供應整個社群的食物，會是一件很棒的事，這是個雙贏局面。

**● 莎拉．瑪索妮，五十六歲，奧勒岡州大學食物創新專家**

我們只會在正式場合才在餐桌上吃飯啦，大部分的人都會吃包在食用薄膜裡的食物，不需要用我們現在的方式準備和料理，對大部分的人來說，食物只會是維持生理機能的燃料，和用餐有關的時間及儀式，則會成為特殊場合，而不是日常瑣事。把食物當成燃料，代表吃東西只是為了生存，也代表放縱的大吃大喝已成為過去式。

隨著人口逐漸成長，食物產量卻不斷下滑，大部分的人都會發現自己開始想念家庭聚餐的時光，能夠靜靜坐在餐桌前享受一頓盛宴，就和祖先以前一樣。留下來的會是營養密集的食物，透過我們現在還不知道的科技儲存，可以直接在家中的販賣機購買，和《傑森一家》（*Jetsons*）裡演的一樣，只要按下按鈕，你就會聽見喀啦喀啦的聲音，然後食物就來了。這個系統會由世界上少數幾間巨型食品公司掌控，大部分的人都很難脫離，而且進食時間將不再固定，食物會設計成充滿飽足感，這樣就可以很久不用吃東西。我們的身體則會習慣這種新的常態，食物系統也會滲入我們日常生活的方方面面，不再和現在相同，是個嗜好或是會引發愉悅的活動。小型農場會以一種非主流文化的方式存在，種植及生產自己的食物，可以居住的地下堡壘現在就已經存在，而可以透過人工照明在地底下存活的農業系統，則會是有錢人的追求。

人造肉將會成為主流，而且大家不會再覺得這很奇怪，不會再有汙名，而是成為必需品，到時它們也不會叫做人造肉了，而是會恢復原先的名稱——牛排或是雞胸肉。

食物系統的基礎會維持原樣，蛋白質、脂肪、碳水化合物會是熱量的主要來源，但是或許互動的方式會改變。人體需要來自三種熱量來源的營養，但這些來源組成食物的方式可能不同，我們過去認為對生存相當重要的養分可能變得不重要，而不重要的東西可能會越來越重要。我們可能不會有超大的櫛瓜或超小的蘋果，因為科技可以創造完美的生長環境，種植大小剛剛好的水果和蔬菜，以便販售。

來自海洋的食物將成為未來食物的主角，還有生長快速、營養密集、容易作成食品的植物。我希望未來的食物能夠餵飽大家，因為人只要開始餓肚子，就會想幹壞事，吃東西是件生死攸關的事，而飢餓很容易就會成為地球上對文明造成最大威脅的問題。

- **佩瑞提．米斯崔（Preeti Mistry），四十四歲，主廚暨環保人士**

我想像的是更多元的食物種類，我能夠看見許多來自非洲的食物和口味，所有的美食都從這裡開始，非洲也是文明的搖籃，出產許多香料和食材，我們的味蕾渴望新的食物，有色人種及少數族群（Black, Indigenous, and People of Color，BIPOC）主廚和料理的復甦，會給予我們一個在食物世界閃耀的機會！我們會開始敞開心胸，運用來自各個（不同）地方的蔬菜和穀物，而且還有能力發展公平的農業，亞洲其他地方的人們，不管能力高低，都會因為他們的能力受到認可並獲得工資。

我覺得人造肉會變成主流，但我不是很喜歡這樣，我個人覺得吃起來很噁，或甚至不是很噁的問題，而是因為這和植物肉一樣是假的肉。比起讓我們的飲食變得更多元，大部分的美國人付錢只是因為懶惰，想把一切都推到一個產品上，明明我們可以透過改變飲食方式，就達成環保的目的，我簡直不敢相信人們砸大錢在開發這類產品上，還有很多人在挨餓欸。這感覺只是為了安撫美國人，因為他們是懶惰的巨嬰，而不是直接告訴他們：「不，你沒必要這樣。」你的選擇都有後果，對我來說工業化肉品很貴，而且還會破壞環境，柏克萊有很多人無家可歸，然後我們還在實驗室裡製造假肉？

我很想相信我們真的有在做點好事，而且那些開口閉口都是政治的年輕人也能夠看見，我們能夠改變，這樣就會更少「大農場」、「大公司」，也更少「我從Whole Foods 超市買了智利種的有機沙拉，我覺得自己很棒，因為這是有機的啦。」某種程度上，我也希望我們少吃速食，我希望我們不要吃垃圾食物，可以多多支持在地農產，吃得更環保，我看過很多人，不管是年輕人或老人，後院都有菜園，還會種點東西，我希望這種事能夠更常發生，這將會鼓勵更多世代發現不同的生活方式，而且就算我們真的使用科技，也是用環保的方式使用。

如果從理論的層面上來說，我想看到誠心誠意料理的美食，有百分之百的心意，和你在幫精緻料理擺盤時一樣用心。隨著越來越多人開始把主廚當偶像崇拜，並崇尚精緻的飲食方式，食物開始失去本來的面貌，有點像在追逐流行，我們都把精緻的飲食看成巔峰，每個人都想達到，但到頭來這種東西只為世界上一小部分人服務而已，我們把那些為百分之一的人做出精緻小蛋糕的人當成創意和思想領袖，這完全沒道理。所以我很開心看到我們按下暫停鍵，然後看看這會為消費者帶來什麼影響，自己的麵包自己烤，自己的蔥自己種，這樣或許就能重新（和食物）連結，並且理解你就是不可能在你想要的時候，隨心所欲用你想要的方式，得到所有東西。我希望我們可以重新想想是誰作主？我們崇拜誰？我們珍視的價值又是什麼？

- **大衛．奈菲爾，三十七歲，「Che Fico」主廚暨創辦人**

我心中悲觀的那面覺得什麼都不會改變，一切都會維持原樣，我們離全球暖化、地球毀滅、更多健康問題、疾病、肥胖，都還是一樣近。我樂觀的那面則希望我們能夠學會，即便動物性蛋白對某些人來說是必需品，還是不一定每天都非得吃，至少不用三餐都吃吧。十到二十年後，我理想中的料理，應該有百分之八十五是蔬菜、穀物、豆類，其餘百分之十五才是動物蛋白質，我有點怕我們會矯枉過正，直到所有東西都變成基因改造或什麼的，而且還會過度工業化，就跟以前一樣。我認為正確的事應該是從歷史中學習，積極推動植物和農作物輪作，土地給我們什麼，我們就吃什麼，即便我們是食物鏈頂端的掠食者，也不代表我們每餐都要趕盡殺絕。

我也害怕人造肉成為主流，因為我相信我們搞出的所有破事，都會帶來意料之外的後果，我打從心底相信，地球已經提供所有我們生存所需的東西，但是人類太過自私，不願承認我們必須限制自己，而且還試著製造所有我們想要的東西。

某些魚類可能有很大的機率滅絕，你不久之後就不會再看到鮪魚，除非我們能想辦法降低全球的鮪魚需求，但我們也不應該在實驗室裡製造鮪魚，我對這種事的答案永遠是不。我們應該全都停止吃鮪魚一段時間，如果你真的很想吃，你知道該怎麼做——他媽的自己想辦法克制，你的人生完全可以沒有鮪魚一陣子，還有其他很多魚類我們都應該暫停食用，給鮪魚五年吧。

我希望大家開始吃覆蓋作物，像是紫花苜蓿、莧菜籽、豌豆等，讓這些東西在我們的日常飲食中佔據更重要的地位，身為主廚，我們可以協助推廣新的蔬菜，這同時也能幫助農夫。我希望看到我們更常使用古老的穀物，並減少使用小麥，我敢打賭，如果我們捨棄過度加工的小麥，你就會看到原本麩質不耐的人痊癒，接著發現小麥其實不是我們的敵人，而是一種非常環保的食物。

**• 娜迪亞・貝倫絲坦博士，四十一歲，食品科技歷史學家**

我覺得我們二十年後吃的食物，會受氣候變遷大幅影響，我希望負責任的食品公司會改變他們製造食品的方式，並採用對環境比較少傷害的農業及生產技術。一部分的轉變會是由消費者需求驅動，一部分則是因為必須這麼做，但是政府和政策必需要先規範才行。我心中最大的問題，是這波轉變會為食物的價格帶來什麼影響，有錢的消費者已經顯示他們願意為了「更符合倫理」、更環保的食物付更多錢，但預算有限或是依靠政府援助的人們，可能就無法做出這種選擇，人類作為一個群體，能不能保證讓所有人都擁有以環保方式種植的營養食物呢？我們能不能傾聽一般消費者、農場上辛勤工作的農夫、以及食物鏈由上至下大大小小的工人，他們的心聲，並且認真對待他們的需求和專業？

我們未來可能會看到環保的再生農業和高科技的創新食品並行，包括合成蛋白質、脂肪、口味、調味料等，比起汙名化這些東西，這些食物其實會在維持我們生存，也能擁有高度生活品質的美食供應上，扮演重要角色。

我是一個口味控，所以我想看到更多種好吃的草莓，以及更多「假」的草莓口味，因為好吃的草莓可能無法隨時供應，不然就是需要耗費大量的資源跟人力成本。我覺得我們的未來也會有「巨食」的空間，他們不一定總是會和社會及環境福祉衝突，畢竟大公司才有能力運用對消費者和地球有利的方式，發展科技、創新、規模經濟。

當然也會有人造肉的空間，前提是這些公司要先能解決生產上的各種問題，而且能和製藥或寵物食品等領域結合。我懷疑我們能在餐桌上看到人造的丁骨牛排或菲力牛排，我覺得比較有可能的是，人造的動物蛋白質，會和其他人工和天然原料一樣，成為製作其他富含蛋白質食物的原料，包括那些還沒發明出來的食物。比起用人造肉替殘忍時髦的有錢人製造超貴的人造生魚片，如果人造肉能夠取代某些麥當勞漢堡裡的肉，或是雞塊裡的雞肉，就能對氣候變遷帶來更大的幫助。

讓我最興奮的，則是想到未來一般人也可以在家裡玩玩生物反應器和其他DIY的生物科技，以開創自己的人造未來，雖然我覺得這應該不會是大家填飽肚子的主要方式，但是如果生物科技和細胞培育能夠成為廚房中的歡樂泉源，協助廚房裡的人際互動、社群建立、帶來快樂，那我也會很高興！大家必須信任食物系統及政府，這些最終確保我們食安的機制，這會是我們之後持續面臨的大問題之一，我們要如何在前科累累的情況下，相信這些來到我們手上，保證美味的東西？如果沒有信任基礎，就不會有刺激的冒險，也不會有共同的未來。

- **班哲明．阿爾德斯．烏爾加夫特，四十二歲，歷史學家暨《肉食星球》作者**

多年來，我都和一群很樂意天馬行空猜想食物未來的人一起從事民族誌研究，但我總是不和他們分享我的猜想，而且我也確實開始思考，比起人們確切的想法，他們的猜想，甚至是他們正式的預測，都更深入反映了他們的熱忱和慾望，所以要回答妳問題唯一的誠實方式，就是坦然面對我自己的慾望。我認為我們可以很肯定地說，氣候變遷將會減少地球的農業資源，包括土地和水，這會對世界帶來大大小小的影響，而不同的國家及公司組織，會試著運用他們的權力和影響力來餵飽自己或維護既得利益。我們最好是趕快改採低度密集、對現存自然資源壓力比較小的農業策略，接著是困難的部分，我們很可能需要成為一個更小的世界，我站在支持成長趨緩的那邊，特別是人口成長，或叫人口負成長吧。依我看來，如果站在繼續擴張那邊，不管是市場或人口，都是在賭農業產量會持續提升，或是新科技可能被發明出來。這場疫情改變了我對食物系統的觀點，但只是讓我更加篤定，我們應該放寬生產限制，而這正是現今美國肉品加工廠的情況。

**● 塔瑪．哈斯佩，五十七歲，《華盛頓郵報》專欄作家**

二十年後，我們餐桌上的食物會跟現在的很類似，我覺得最容易被取代或需要重新反思的食物就是動物食品，我猜不含蛋的美乃滋和非乳製牛奶應該會成為主流，而且我們會有更棒的植物替代絞肉，但應該無法替代整塊的肉。除了這幾點，我不覺得會有太大的改變，而且我覺得植物肉很有可能會變成大眾健康的隱憂，因為植物肉跟真正的肉其實營養成分很類似，但大家會覺得吃這種肉比較環保，一旦有了這個健康光環，大家就會過量攝取，這種情況時不時都會上演。

關於人造肉能不能成為主流，我覺得價錢是關鍵，會出現可以替代絞肉的人造肉，但整塊肉應該還是無法，而且人造肉可能要花很長一段時間才能和植物牛絞肉競爭。牛排就更不用說了，在人類對大塊肉的需求降低之前，牛隻畜牧業依舊不會衰退，這個產業目前正是依靠這種需求發展，我覺得我們距離真正影響畜牧業，還有很長一段路要走。大家在乎的是口感、價格、方便、健康，其他都不是重點，比如大家會購買有機食品，是因為他們覺得這對身體比較好，雖然有機食品的重點應該是比較環保才對。之後也會有人開始因為植物產品比較健康而選擇購買，但最重要的結果，應該還是要看這會對農業造成什麼影響。

我認為環保飲食的重點是主食，主食應該是全穀類和豆類，因為這些作物能夠快速生長、便於儲存、可以用機器播種、可以提供所有我們需要的營養，如果你的飲食是以穀物和豆類為主，蔬菜和動物為輔，那你就會很健康！

**● 何索麗（Soleil Ho，音譯），三十三歲，《舊金山紀事報》（*San Francisco Chronicle*）美食評論家**

因為我們還沒解決氣候變遷、財富分配不均、更廣泛層面的平等這些困難的問題，所以我覺得二十年後，應該還會有另一波疫情，以及更多動盪不安。不過還是有一線希望，因為到時候我們就不會再逃避那些本應面對的問題，很難猜測一切是不是已經到了轉捩點，像是退休金、健保、白人至上主義等，但是用餐作為社會生活的一部分，一定會全然不同，用餐的原因跟感受都會改變，價格更是會節節高升。

我覺得（大型）連鎖店會成為主流，而且也會出現更多幽靈廚房，我覺得他們會試圖擺脫外送APP（的控制），還有付給中介平台的手續費，或許會有更多店主自己的外送？另一個我們自疫情爆發以來觀察到的現象，則是食物社群出現家庭手工業的傾向，使其變得更加豐富，失業的人會販賣自家製作的玉米餅、派、烤雞、糕點等，如果他們能夠浮上檯面當然再好不過，但大部分應該都無法取得法律許可，在加州販賣自家烘焙的食物是合法的，不過各個郡必需自行決定審核機制。

我不認為人造肉會成為主流，這東西本身也很可怕，我覺得吃肉這個行為還是有很大部分跟身分認同有關，特別是吃牛肉堡這件事，所以我很懷疑人造肉是否會變得更盛行，會不會出現另一場文化戰爭，還有吃肉（是否）代表右派？我懷疑如果充滿爭議，人造肉是否能成功取得一席之地？我覺得這會是文化戰爭的另一個面向。

我不太懂的一個問題是，我們在談的究竟是哪種人？Whole Foods 超市已經不再販售瑪琪琳了，但大家或許還是會繼續去雜貨店買？這就是奇怪之處，即使某個東西就要停產了，還是有人會繼續買，即使某個東西不健康，弱勢族群可能還是會繼續吃。我們覺得食物會讓大家團結在一起，但我希望我們談論食物的未來時，能有更多批判的聲音，少一點正向思考。食物的分配有很大的問題，有些人總拿到爛食物，有些人則可以拿到最好的，食物的未來是對階級和財富分配的重新思考和想像，我希望每個人都能獲得需要的東西，並保有尊嚴。我想要的未來是不再區分富人和窮人的未來，大家都能吃到好吃、適合自己文化的食物。

我對跳脫傳統的美食非常有興趣，所以很期待看到印度、中國、或奈及利亞的社群可以不再複製傳統食物，而是透過離散族群的創新，來創造某種超越同化和傳統文化的食物，這也能提供職人、大廚、生產者探索新食物的動力，不用再對傳統負責。

我常常在想：如果可以用魔法變出食物，那其他時間要拿來幹嘛？我們耗費太多腦力在尋找食物上了，是直到最近，我們才能拋下這點，把做菜當成一種休閒活動。我腦中的未來是一個理想的世界，什麼東西能夠用平等的方式，帶領我們走過困乏的年代，同時不只是為菁英，而是為所有人服務？

**● 強納森．道伊奇，四十四歲，卓克索大學烹飪藝術及科學教授**

我們現在看到的是並行的狀況，如同沃倫．貝拉史柯在《未來餐點》一書中所述，有科技取向，像是人造肉、不可能食品等，也有人類學取向，改吃素食、更多全穀類，攝取食物鏈底端的生物。我不覺得有誰能贏過誰，我們會持續看到這兩種歧異的取向，而且我們還會試著多吃一點、滿足口腹之慾，維持越久越好，這表示更多肉類、糖類、排放更多碳、也更肥胖。我為什麼會這樣想很簡單，看看周遭的世界吧，所有的指標都在往上升，我們吃更多肉、使用更多土地、變得越來越胖、死得越來越早，需要一場巨大的變革才能改變這一切。即便身處這場疫情，食物銷量仍是節節高升，雖然植物肉的銷量也有上升，但肉類還沒死透，我們就是消費再消費，世界上大部分的人要不是東西不夠吃，就是東西夠吃，但還想吃更多。

我覺得人造肉總有一天會出頭，雖然還不到你會站在超市走道間，決定要吃傳統肉還是人造肉那種程度，但是已經出現耐人尋味的機會，能夠在實驗室裡培育特定部位的肉，我覺得這很有可能成真，因為飼養動物真的很不方便，為什麼不花大錢購買特定部位的人造肉呢？你可以走進頂級牛排館，花八十美金用更快的速度買到和牛等級、肌理超明顯的的人造牛排，因為市場就是在那。

我們改變的速度很慢，飲食習慣可說根深柢固，我們最有可能失去的東西便是多樣的海鮮，我們正在剝削一個豐富的食物來源，生蠔（曾經）隨便撈都一堆，酒吧甚至都還免費請你吃。

我希望我們能有一個更環保、更健康、更平等的食物系統，但我懷疑究竟能不能達成，我也希望在這個食物系統中，消費者能夠積極爭取更棒的食物。我覺得改變的契機在於口腹之慾、環保和營養責任、能否負擔和便利性，這三者的交會。這也是我從貝拉史柯的著作獲得的極佳觀點，他在書中提出「便利—責任—身分」三角，你可以選擇快速、好吃、或是選擇對你，也對地球有益的食物，滿足其中兩者很容易，但三者都要滿足，就會有點挑戰性。

- **譚沃恩（Vaughn Tan，音譯），四十一歲，《不確定思維：來自食科領域最**

**前線的創見》（*The Uncertainty Mindset: Innovation Insights from the Frontiers of Food*）作者**

我們的餐桌上二十年後會放著什麼？我覺得要看是誰的餐桌，你越有錢，食物選擇就越多，你知道自己想吃什麼，你也擁有比較高的購買力。大部分的人餐桌上的食物則會是工業化食物，經過工業加工的工業種植原料，支持工業化食品最常見的論述，便是食物價格應該要降低，這種論點相當直接，大眾沒錢、沒辦法接觸到美食、也不知道他們為什麼應該要在食物上投注更多成本和時間。

我覺得吃人造肉是最笨的吃肉方式，人造肉唯一的優點是它並非來自有感覺的生物，但人造肉不太可能比再生農業的肉品更環保，而且如果你把所有其他選擇都納入考量，人造肉也沒有比較環保，你最後還是要在工業系統中生產一大堆蛋白質，種種因素都是扣分。為什麼不要直接改成一年吃兩次肉就好？如果你真的很想吃肉，你可以花錢購買獲得妥善照顧動物的肉品。

我不覺得未來我們吃的肉會超級便宜，這是一種錯誤的奢侈想法，我們以為每個想吃肉的人都能吃到，但最後人們只會吃到來自飼養設施、充滿抗生素的肉，工業化飼養方式所需的基礎設施五年內就可能崩潰，這也是為什麼人造肉能夠獲得巨資挹注的原因之一。我們最後還是會吃工業肉品，永遠無法逃脫工業化農業系統，是我們吃的「東西」逃離了我們。

我心中的食物未來，是大家能夠多用叫得出名字的食材幫自己做菜，從食材開始一步步料理大部分的食物，這樣一件簡單的事，將會改變你的消費習慣以及整個消費系統，並創造正面的連鎖效應，也就是對消費者、生產者、我們居住的社會、以及地球來說，都更健康的生產和消費系統。

我通常都不會臆測未來，但我常常在想，某些事物之所以很棒，就是因為永遠無法預測，所以才會讓我們感到驚奇和快樂。因此為了促進能讓我們感到驚奇和快樂的天然美食，我們必須學會的重要課題，就是其不可預測的特點，還沒有人提出過這種想法，但我覺得這是我們未來會需要的東西。

- **蘇菲．伊根，三十四歲，《如何成為聰明的消費者》（*How to Be a Conscious Eater*）作者**

和我們現在的食物相比，二十年後的食物種類一定會更豐富，最大的改變會是我們飲食包含的物種及農作物增加，比起形式化的多元，擁抱生物多樣性更豐富的農業才是重點，這樣才能確保食物供應鏈的恢復力，以便面對氣候變遷。和種植在單一作物土地的其他農作物相比，種植在健康土壤裡的農作物會更加健康，口感和營養價值也會提高，這非常令人讚嘆。

人造蛋白質會是一個選項，但不會成為預設，我覺得等到夠多種人造肉的成本下降到可以負擔的程度時，人造肉就能擴大規模，而且會有很多本來吃肉，但在乎動物權益的人改吃人造肉，不過大部分的人口應該不會全都改吃人造肉。人造肉會變成菜單上的另一種選擇，就和現在我們菜單上的其他蛋白質選擇一樣，包括放牧的、吃草的等等。

也有某些食物會被地球淘汰，比如說棕櫚油，我不是說棕櫚油會絕跡，我的意思是棕櫚油不會像現在那麼普遍，而是會因濫伐遭地球淘汰。另一個會完全崩壞的食物則是鱈魚，而且我們會因過度捕撈失去越來越多海鮮，連帶使得更多海洋中的物種消失，這令人相當遺憾，地球會為我們做出這些艱難的選擇。

我心目中的世界，會有現成的準則，讓我們很容易當個擁有氣候意識的健康消費者，現在你必需非常努力才能達成，在超市購物時你必需扮演警探的角色，才能找到符合你所有需求的食物，包括健康、動物權益、支持在地農業、生產者權益、最少的水資源浪費、最低的碳足跡等。我理想中的未來是大家都能用這種方式吃東西，超市裡有滿坑滿谷、負擔得起的選擇，都是對我們、其他人、地球有益的選擇。要包括哪些條件呢？答案是更豐富的生物多樣性、更少碳排放和水資源浪費、和一個能生產真正滋養人類食物的農業系統！同時鼓勵農夫把土地照顧得比一開始更好。

我們也應該重新檢視那些經過世世代代驗證，最為健康的飲食方式，以及自然界中的證據，顯示這些東西能夠年復一年滋養後代子孫。其中很大一部分都仰賴學習古老飲食方式的智慧，那麼還有科技的位置嗎？當然有，但是很多新思維都會來自重新發現的智慧。

- **尚恩・薛曼，四十五歲，「The Sioux Chef」創辦人**

我們常常在談的一件事，就是大家完全缺乏和原住民食物相關的知識和意識，原住民擁有環保生活的藍圖，透過數萬年來傳承下來的智慧，理解不同的地區適合吃什麼植物和動物。這就叫作「傳統生態知識」（traditional ecological knowledge），也就是原住民如何生存，還有如何透過和周遭世界的直接連結，來料理和加工食物。二十年後，我希望我們會有一個以社群為中心的食物系統、以社群為中心的農業、對周遭的野生食材有更深入的認識、以及能讓我們更親近環境的生活方式。只要我們和原住民社群一樣好好照顧土地，就能生產更多食物，我們應該把這種方式視為未來的願景，不僅能夠提倡生物多樣性，也讓我們和環境更親近。

如果你仔細檢視市面上熱門的植物產品，就會發現它們都不健康，鈉含量非常高，隨著我們開始發展未來食物，我們應該更專注在健康和那些會帶來健康的因素上，我們應該拋棄過度依賴動物蛋白質的美式飲食，我覺得如果我們專注在人們可以獲得的真正原型食物上，未來就會更好。很多植物產品都不能在家自製，這和取得的便利有關，為了讓大家在食物上平等，我們必需把重點放在原型食物、社群農業、民族植物學（知識）、以及建立永續農業上。

我希望我們可以少吃速食和加工食品，這是必要的改變，特別是在美國，我們的飲食方式爛透了。我們必需專注在我們的健康、土地、身體上，我覺得解答就快出現了，而原住民的知識可以幫助我們找到解答。

● **麗莎・費里雅（Lisa Feria），四十四歲，「Stray Dog Capital」執行長暨總裁**

二十年後會有更多植物、更少傳統來源的肉類，會有更多真菌做的、植物做的、或實驗室培養出來的「肉」……更少我們現在吃的肉。運輸過程和經銷資源也會改變，我們獲取食物的方式會更多樣，包括規模更小的生產者、在地農夫、體制外的生產者，在家煮飯也會更方便。新冠肺炎疫情會加速食物和運輸過程的民主化。

我百分之百認為人造肉會在二十年內變成主流，包括產品百分之百都來自細胞的食品公司，到產品只有一部分是由細胞培育而成，以便模仿植物肉的質地、口味、口感的公司。不管是加入適量的人造肉，讓食物變得更好吃，或是你想要吃起來油一點，取得想要的口感，人造肉都能幫你解決。會出現量產的產品和客製化的產品，搞不好你還可以在家裡搞台微波爐，這樣就可以單點了。

傳統肉品和密集動物飼養應該已經差不多走到盡頭了，和現在我們用低價購買不健康的食物相比，以後我們可以用合理的價格，買到更健康的食物。我也看到世代差異，我們的下一代，Z世代和千禧世代，已經開始想要改變飲食方式，我們要怎樣才能供應擁有文化價值和重量，卻不會帶來外部缺點，像是不健康、濫伐、環境汙染等的肉品呢？我們可以使用對環境更好的植物，並找出改進的方法。

未來你可以依照自己的需求調整你的肉品，像是加點 omega-6，客製化食物的意思，就是我們能夠增加健康的成分，並減少不健康的成分，像是膽固醇。如果我們都能發明培養特定動物部位的技術，那搞不好也可以培養絕種生物的細胞？如果我們可以吃恐龍呢？這我們以前想都沒想過，我們可以創造前所未見的食物，這就是我想要交給下一代的未來，我們不應該為了提供所有人便宜的肉，而把一個崩壞的世界交給後代子孫。

**• 保羅．夏皮羅，四十一歲，《乾淨的肉》（*Clean Meat*）作者、「The Better Meat Co.」執行長**

我覺得二十年內，微生物蛋白質在我們的飲食中，會佔據比現今更重要的地位，特別是在食品原料上，我相信比起其他方式，這種方式能讓我們用更低的成本，製造更大量的蛋白質。二十年內，人造肉就會擁有現今植物肉的地位，代表你可以在超市和速食店的菜單中找到人造肉，但比例應該不會太高，我覺得人造肉會越來越重要。但是看看植物肉已經上市幾十年了，市佔率仍是只有百分之一，這是件值得慎重思考的事，同時也是個很好的提醒，代表要擴大規模有多不容易。我覺得要擴大人造肉產業的規模，還有很多事可以做，混合動物蛋白質和植物蛋白質就是個方法，但我們還是要把一件事實放在心上，那就是肉類需求從來沒有像現在這麼高過。

我覺得許多殘忍的動物產品都會被禁止，現在就已經有幾個州禁止販售關在籠子裡的雞生出來的雞蛋，以及來自不人道飼養環境的牛肉和豬肉，禁止銷售特別殘忍和不人道的農業活動生產的產品，將會越來越普遍。我很樂意看到一個能夠節省大量資源，卻能生產更多食物的食物系統，具體來說包括下列幾項，第一，停止剝削動物。第二，把更多土地還給野生動物和大自然，我們必須用更少的土地，生產更多食物，並擁抱二十一世紀的新型農業，像是微生物發酵等。第三，消滅飢餓。第四，減少碳排放，並且重新開始大面積造林，這樣就能處理更多碳。

我也想看到肉品製造機發明，就像你去朋友家看到烤麵包機或冰淇淋機一樣，會覺得習以為常，你可以直接訂幹細胞茶包，丟進去之後就可以開始做肉，就像大家花好幾個禮拜在家裡釀啤酒一樣。你可以想像，就像火鴨雞一樣，要是你可以拿到一袋細胞，然後培育出一隻火鴨雞，同時還可以獲得前所未有的料理體驗呢？這一定會超屌啦。另一個我喜歡想像的是，就像你會去家附近的酒吧釀自己的 IPA 啤酒，要是他們自己種肉呢？豬本尊就在後院，你還可以去和牠致意，而且不用傷害豬就能吃到手撕豬。

● **JJ．強森，三十六歲，「Field Trip」主廚暨創辦人**

我相信二十年後，我們的餐桌上出現什麼東西都不足為奇，在過去十年間，食物作為一種離散經驗的概念，已經逐漸成形，而且有更多主廚覺得他們可以從自己的離散經驗汲取靈感來做菜。已經沒有人在做純法國菜了，現在我們做的是巴斯克（Basque）菜，是來自深山的克羅埃西亞菜，二十年內，我們就會看見來自世界各地的各種食物，沒人能再挾持其他人的食物。

人們正在一窩蜂投資人造肉，但我不太贊同，我覺得雞肉就應該是雞肉，牛肉就應該是牛肉，植物肉為市場投下震撼彈，我用的肉全是植物肉，而我對不可能食品的產品有多好吃感到驚嘆。野生魚類永遠都會是即將消失食物排行榜的冠軍，沒人在尊重海洋，二十年後天知道海洋會變怎樣。

現在掌控食品產業的人，也缺少對有色人種和女性的尊重，未來有色人種和女性就會嶄露頭角，讓大家知道誰才是老大，並且發大財，二十年後，《紐約時報》就會有個黑人美食記者，這種不平等已經太久了，我們總是被忽視，我們以後會得到更公平的機會。

所謂的「營養白米」其實只含有部分營養，因此我以後會很樂見現磨的米飯，大部分的人都不知道怎麼處理米，我們在架上買到的盒裝米和現磨的米不一樣，吃起來根本就是垃圾，而且我覺得這是一種很不尊重食物的原料。現磨米含有維他命、稻殼、米糠、胚芽，農夫知道怎麼好好種米，很多農夫都擁有很棒的產品，而我們買到的每一粒米，背後都會有不同的故事，直接向農夫購買稻米，還能促進農業文化跟社群的發展。

- **馬克．庫班（Mark Cuban），六十二歲，《創業鯊魚幫》電視名人、NBA達拉斯獨行俠隊老闆**

我認為二十年後，我們就會開始初步接受人造食物，也就是很像原本的食物，但卻是來自實驗室的食物。如果氣候變遷沒有加劇，我們就不會在十到二十年間看到人造肉問世，如果氣候變遷真的加劇，而且對全美的氣候造成重大影響，人造肉的腳步就會加快，因為大家這時就會了解，如果我們不改變生產和購買食物的方式，我們他媽就麻煩大了。我覺得二十年後，如同我們現在有碳水化合物跟其他各種成分的指標，我們也會有食物的環保指標，氣候變遷會是這一切的原因。如果氣候變遷真的變得超級嚴重，嚴重到連那些死不相信的人都無法視而不見，那麼剛剛講的指標，就也會包含絕對會對我們帶來負面影響的食物稅，這可能會造成某些食物變得超貴，而且越來越罕見。我夢想中的未來食物，會由三個重要因素構成，包括飽足、美味、提供每日建議攝取量的營養，而且花不到一塊美金就買得到，這會讓我們終結食物匱乏的現象。

## 關於資料來源

如果沒有能夠接觸到食科世界內部祕辛的管道，也沒有願意一再接受我訪問的受訪者，其中一些人甚至被我騷擾超過五年，這本書不可能完成，感謝大家的耐心和支持，願意和我一起踏上寫書這段旅程。

多年來我都親身參與各種論壇和會議，這是我建立社交網路、了解新公司資訊、跟創辦人閒話家常的地方，直到新冠肺炎疫情爆發，我只能待在家裡，而我的開會人生也轉往線上。線上會議代表有更多人能夠參與，但是仍舊無法取代面對面互動，我還住在紐約市時，就開始參加「未來食物科技展」，沒有錯過任何一屆，二〇一八年我參與了「New Harvest」在波士頓的年會，二〇一八年和二〇一九年也在灣區參加了「Good Food Institute」的第一屆和第二屆年會。在封城禁令把我關在家之前，我剛結束最後幾趟研究旅程，包括到丹佛參觀「MycoTechnology」、到曼哈頓參加「Food Tank」的年會、到紐澤西州的紐華克參觀「AeroFarms」。二〇一九年十一月，我在舊金山的人造肉研討會（Cultured Meat Symposium）上，主持了一場和人造魚有關的論壇，那個月我也拜訪了「Plenty」團隊，二〇一九年十二月，我則是飛到聖地牙哥拜訪「Plantible」和「BlueNalu」的創辦人。而我最後一次不戴口罩出門，則是二〇二〇年一月去參觀「Memphis Meats」，我在二月底交稿，然後有兩週的時間都在四處拜訪朋友跟出去玩，兩週後新冠肺炎疫情爆發，一切在一夕之間改變，我也沒有逃過這個諷刺。

許多人幫助我深入了解新創食科公司，我和這波未來食物運動的許多專家及相關人士談過，包括看衰的人、投資人、學者、創辦人，雖然最後不是每個人都出現在書裡，但他們貢獻的時間都非常寶貴，我沒有按照特定順序排序，這些人包括 Good Food Institute 的 Bruce Friedrich、The Better Meat Co. 的 Paul Shapiro、美國農業部（USDA）的 Tara McHugh 跟 Rebecca McGee、世界自然基金會的 Brent Loken、Diet ID 的 Rachel Cheathem、David Katz、Rachna Desai、Air Protein 的 Lisa

Dyson、牛津大學的 Alexandra Sexton、Kilpatrick Townsend & Stockton LLP 的 Babak Kusha、蘭德智庫的 Deborah Cohen、New Harvest 的 Isha Datar、IndieBio 的 Arvind Gupta、公益科學中心的 Ryan Bethencourt 跟 Lisa Lefferts、加州大學洛杉磯分校（UCLA）的 Amy Rowat、卓克索大學的 Jonathan Deutsch、主廚 Dan Barber、Kim Severson、Dana Cowin、Kate Krader、Brooklyn Brewery 的 Garrett Oliver、亞利桑那州大的 Christy Spackman、塔爾薩大學（University of Tulsa）的 Emily Contois、劍橋大學的 Asaf Tzachor、加州大學聖地牙哥分校的 Stephen Mayfeld、FTW Ventures 的 Alan Hahn、Josh Hahn、Brian Frank、Fifty Years 的 Seth Bannon、Kim Le、謝富弘、Ethan Brown、Pat Brown、Michael Greger 醫生、Michele Simon、史丹佛大學的 Christopher Gardner、營養學家 Ginny Messina、Marion Nestle、Tim Geitslinger、Perfect Day的Ryan Pandya 跟 Perumal Gandhi、Clara Foods的Arturo Elizondo 跟 Ranjan Patnaik、Memphis Meats的Uma Valeti、David Kay、Eric Schulze、Renewal Mill 的 Dan Kurzrock、Claire Schlemme、Caroline Cotto、Hodo Foods 的 Minh Tsai、Trophic 的 Beth Zotter、Spira 的 Elliot Roth、Eat Just 的 Josh Tetrick 跟 Andrew

Noyes、Plantible 的 Tony Martens 跟 Maurits van de Ven。

我也埋首書堆，包括 Ben Wurgaft 的《肉食星球》（*Meat Planet*）、Dan Barber 的《第三餐盤》（*The Third Plate*）、Warren Belasco 的《未來餐點》（*Meals to Come*）、David Julian McClements 的《未來食物》（*Future Foods*）、Amanda Little 的《食物的命運》（*The Fate of Food*）、Liz Carlisle 的《地底之豆》（*Lentil Underground*）、Paul Shapiro 的《乾淨的肉》（*Clean Meat*）、Frances Moore Lappé 的《小小星球的飲食方式》（*Diet for a Small Planet*）、John M. Warren 的《農作物的本質》（*The Nature of Crops*）、May Woods 和 Arete Swartz Warren 的《溫室：溫室的歷史》（*Glass Houses: A History of Greenhouses*）、Waverley Root 的《食物》（*Food*）、Paul Stamets 的《奔跑的菌絲：蘑菇如何拯救世界》（*Mycelium Running: How Mushrooms Can Help Save the World*）、Michael Pollan 的《雜食者的兩難》（*The Omnivore's Dilemma*）、Chase Purdy 的《億萬商機人造肉》（*Billion Dollar Burger*）、Ruth Kassinger 的《藻的祕密》（*Slime*）、Mark Lynas 的《科學種子：我們對基因改造生物的重大誤解》（*Seeds of Science: Why We Got It So Wrong On

GMOs）、Michael Greger 的《食療聖經》（*How Not to Die*）。還有更多我肯定已經忘記翻過的書，包括一些我從「網際網路資料庫」（Internet Archive）檢索的古早參考書，請大家認真考慮捐錢給這個超棒的非營利組織。

我也閱讀了無數研究，我心裡總是抱著以相關領域的最新發展，來建構我論述的目標，我在「大豆資訊中心」（SoyInfo Center）的網站上讀了超多資料，如果想了解大豆的歷史，來這裡準沒錯！另外我也讀了很多跟專利申請相關的文獻，還有食物的營養跟原料標示。

我盡力從方方面面來檢視未來食物這個主題，並且透過其他專家的意見，來平衡我的報導，本書所有的未盡之處和錯誤都由我個人負責。

# 謝詞

這本書始於一顆身為自由工作者無法悉心灌溉的小小種子，我的生活總是非常忙碌，整理訪談資料、飛來飛去參加活動跟會議、撰寫跟編輯專欄文章，還要回電子郵件，真的有夠多要回，所以有時候我會幻想，只專心在一件事上想必會很棒。一件事就好。

寫書這件事一直以來都很吸引我，因為我的朋友和同事們，好像總是對他們吃的食物有滿腹疑惑，寫一本和未來食物有關的書，也讓我能夠盡情探索那些我著迷不已的小角落。最後，我決定全心投入撰寫書籍提案，接著開始把提案寄給經紀人，但大部分的經紀人都拒我於門外，直到二〇一九年二月，我到巴西聖保羅參加Alex Atala的食品研討會「Fruto」時，我的朋友Nancy Matsumoto，同時也是一個我超級欽佩的記者，介紹我給她的經紀人 Max Sinsheimer 認識。我火速在飯店房間寫了一封電子郵件給 Max，他回覆說他有興趣，我非常感激他能看見我的構想的價值，也相信我這個菜鳥作者。我於是成了 Max 的客戶，接著就是重頭戲上場啦，靠著他的協助，我們一起把我的提案修改得更好，直到最後成功賣給 Abrams 出版社，特別是看見本書潛力的 Garrett McGrath。我最深的感激也要獻給幾位業界老兵，他們在本書成為現實之前，慷慨出借他們的時間，包括 Anne McBride、Pam Krauss、Gary Taubes、Dana Cowin、Laurie Gwen Shapiro。

我先前總以為提案是最難的部分，但寫稿才是最痛苦的，感謝加州馬林郡（Marin）的各個圖書館，讓我每天都有地方可以努力，也感謝那些能讓我一坐就坐上好幾個小時的咖啡廳，包括聖安瑟姆（San Anselmo）的「Marin Coffee Roasters」。感謝 Kent Kirshenbaum 教授回答我各種艱深的科學問題，並和我討論人造肉。我也要感謝一開始的讀者，就是那些在我還沒潤稿前就讀過某些章節的讀者，真的超級感謝，包括我舊金山的寫作小組夥伴：Zara Stone、Daniela Blei、Ellen Airhart。我最後的定稿也非常幸運，能夠經過 Lauren Bourque 的檢查，Lauren 遵照我鐵一般的死限，讀過每一頁，回我超長的電子郵件，還細心列出我的文字有哪裡需要改進，之後她又全部重讀了一遍。

我也非常感謝許多在二〇二〇年和我聊過的人，不管是透過電話、Zoom、電子郵件、或訊息，包括 Amy Thompson、Sarah Masoni、Rachel Wharton、Kate Lindquist、Seth Solomonow。給 Kezia Jauron，我最愛的動物權益促進家，感謝你願意當我的 vegan 小百科，感謝 Alan Ratliff 提供我最完美的書名，還有他在過程中數不清的建議和支持，也感謝 Blyth Strachman 在寫作本書的過程中實地出現支持我。感謝那些沒有列在這裡，但總是聽我碎念，時不時關心我進度的你們，謝謝大家。

有好多人讀過本書的草稿，我真的非常幸運。感謝 Albert Kelly 在我們去爬山時提供意見，感謝 Haven Bourque，他在飛往紐約的航班上讀完我的書，並指出我在哪邊漏掉了更大的觀點，或是忘記這是一個全球食物世界，由許多走在我之前的社群組成。感謝 Derek Dukes，他告訴我哪邊錯過了笑點。感謝我的表親 Rafael Zimberoff，他總用第三人稱稱呼自己，並向我介紹「Whack」，還有他適時出現的編輯筆記，提醒我少就是多。

感謝所有願意提供樣本讓我試吃的新創公司，包括 AeroFarms、Beyond Meat、Eat Just、Memphis Meats、Perfect Day、Prime Roots、Hooray Foods、Atlast、Spira、Impossible Foods、Meati Foods、MycoTechnology、Plenty、Ripple、ReGrained、Renewal Mill、Pulp Pantry、Clara Foods、Triton Algae Innovations、New Wave Foods。也感謝少數幾間還沒成功的公司，Blue Nalu、Aleph Farms、Plantible，我相信你們總有一天會成功！

最後，感謝我的家人，能夠容忍我永無止境的寫書碎念，也感謝你們一直以來的支持、熱忱、耐心。

國家圖書館出版品預行編目資料

「矽谷製造」的漢堡肉？科技食物狂熱的真相與代價 / 拉里莎・津貝洛夫（Larissa Zimberoff）著；楊詠翔 譯. -- 初版. -- 臺北市：商周出版：家庭傳媒城邦分公司發行, 民110.11
面； 公分. --
譯自：Technically food : Inside Silicon Valley's Mission to Change What We Eat
ISBN 978-626-318-055-0（平裝）
1. 食品科學　2. 食品加工
463　　110017524

# 「矽谷製造」的漢堡肉？科技食物狂熱的真相與代價

作　　者 / 拉里莎・津貝洛夫（Larissa Zimberoff）
譯　　者 / 楊詠翔
企劃選書 / 張詠翔
責任編輯 / 梁燕樵

版　　權 / 黃淑敏、林易萱
行銷業務 / 周佑潔、周丹蘋、賴正祐
總 編 輯 / 楊如玉
總 經 理 / 彭之琬
事業群總經理 / 黃淑貞
發 行 人 / 何飛鵬
法律顧問 / 元禾法律事務所　王子文律師
出　　版 / 商周出版
城邦文化事業股份有限公司
臺北市中山區民生東路二段141號9樓
電話：(02) 2500-7008 傳眞：(02) 2500-7759
E-mail：bwp.service@cite.com.tw
Blog：http://bwp25007008.pixnet.net/blog
發　　行 / 英屬蓋曼群島商家庭傳媒股份有限公司城邦分公司
臺北市中山區民生東路二段141號2樓
書虫客服服務專線：(02) 2500-7718・(02) 2500-7719
24小時傳眞服務：(02) 2500-1990・(02) 2500-1991
服務時間：週一至週五09:30-12:00・13:30-17:00
郵撥帳號：19863813　戶名：書虫股份有限公司
讀者服務信箱E-mail：service@readingclub.com.tw
歡迎光臨城邦讀書花園　網址：www.cite.com.tw
香港發行所 / 城邦（香港）出版集團有限公司
香港灣仔駱克道193號東超商業中心1樓
電話：(852) 2508-6231　傳眞：(852) 2578-9337
E-mail：hkcite@biznetvigator.com
馬新發行所 / 城邦(馬新)出版集團 Cité (M) Sdn. Bhd.
41, Jalan Radin Anum, Bandar Baru Sri Petaling,
57000 Kuala Lumpur, Malaysia
電話：(603) 9057-8822　傳眞：(603) 9057-6622
Email：cite@cite.com.my

封面設計 / FE
排　　版 / 新鑫電腦排版工作室
印　　刷 / 高典印刷事業有限公司
經 銷 商 / 聯合發行股份有限公司
電話：(02) 2917-8022　傳眞：(02) 2911-0053
地址：新北市231新店區寶橋路235巷6弄6號2樓

■2021年（民110）11月初版1刷
**定價 480 元**

Printed in Taiwan
城邦讀書花園
www.cite.com.tw


ISBN　978-626-318-055-0

商周出版

| | | | |
|---|---|---|---|
| 廣 | 告 | 回 | 函 |
| 北區郵政管理登記證 | | | |
| 台北廣字第000791號 | | | |
| 郵資已付，免貼郵票 | | | |

104台北市民生東路二段141號2樓

**英屬蓋曼群島商家庭傳媒股份有限公司　城邦分公司**

請沿虛線對摺，謝謝！

商周出版

**書號**：BK5186　　**書名**：「矽谷製造」的漢堡肉？　**編碼**：

請於此處用膠水黏貼

商周出版

# 讀者回函卡

線上版讀者回函卡

感謝您購買我們出版的書籍！請費心填寫此回函卡，我們將不定期寄上城邦集團最新的出版訊息。

姓名：＿＿＿＿＿＿＿＿＿＿ 性別：□男 □女

生日：西元＿＿＿＿年＿＿＿＿月＿＿＿＿日

地址：＿＿＿＿＿＿＿＿＿＿

聯絡電話：＿＿＿＿＿＿＿＿ 傳真：＿＿＿＿＿＿＿＿

E-mail ：

學歷：□ 1. 小學 □ 2. 國中 □ 3. 高中 □ 4. 大學 □ 5. 研究所以上

職業：□ 1. 學生 □ 2. 軍公教 □ 3. 服務 □ 4. 金融 □ 5. 製造 □ 6. 資訊

□ 7. 傳播 □ 8. 自由業 □ 9. 農漁牧 □ 10. 家管 □ 11. 退休

□ 12. 其他＿＿＿＿＿＿＿＿

您從何種方式得知本書消息？

□ 1. 書店 □ 2. 網路 □ 3. 報紙 □ 4. 雜誌 □ 5. 廣播 □ 6. 電視

□ 7. 親友推薦 □ 8. 其他＿＿＿＿＿＿＿＿

您通常以何種方式購書？

□ 1. 書店 □ 2. 網路 □ 3. 傳真訂購 □ 4. 郵局劃撥 □ 5. 其他＿＿＿＿

您喜歡閱讀那些類別的書籍？

□ 1. 財經商業 □ 2. 自然科學 □ 3. 歷史 □ 4. 法律 □ 5. 文學

□ 6. 休閒旅遊 □ 7. 小說 □ 8. 人物傳記 □ 9. 生活、勵志 □ 10. 其他

對我們的建議：＿＿＿＿＿＿＿＿＿＿

＿＿＿＿＿＿＿＿＿＿

＿＿＿＿＿＿＿＿＿＿



請於此處用膠水黏貼